評価指標入門

データサイエンスとビジネスをつなぐ架け橋

高柳慎一 + 長田怜士 著　株式会社ホクソエム 監修

Introduction to Evaluation Metrics

技術評論社

"Father, forgive them, for they do not know what they are doing."

父よ、彼らをお赦しください。
彼らは何をしているのか自分でわかっていないのです。

イエス・キリスト, ルカの福音書23章34節

ビジネスと
データサイエンスを
架けるもの

データサイエンスの問題を解くための道具は揃った

ビッグデータは数値やテキストのみではなく画像や音声までを包含し、世界的なIT企業によるビジネス活用に端を発した後、国内ではまずモバイルゲームやECサイト、インターネット広告会社で活用が開始され、著しいビジネス的な成果をあげました。まさに2010年代は"ビッグデータ興隆の時代"だったと言えるでしょう。

2010年に最もセクシーな職業だと言われ注目を浴びたデータサイエンティストは、"業務におけるデータ分析、予測、推薦などを通じ、データから直接的に新たな価値を生み出し得る"ことを期待されています。ビジネスの世界において、本質的に高い価値や成果を生み出し続けるからこそデータサイエンティストの需要があり、彼らが「何を理解しているのか?」ではなく、「何を成し遂げられるのか?」が重視されていると考えることもできるでしょう。

データサイエンスを利用してビジネスの成果をあげるための要素の1つとして、ある程度の高尚なアルゴリズムやデータサイエンスの問題を解くための知識が必要です。この点については、すでに数多くの書籍があり、そこから有益な情報が得られます。また、そのデータサイエンスの問題自体を解くために、基本的なデータの前処理や機械学習モデルの構築・運用に関するOSS(Open Source Software)のライブラリも数多く実装されています。つまり、改善の余地はあるにせよ、"データサイエンスの中だけで完結する問題"を解くための道具は、一通り揃っていると言えます。近年の傾向としても、データサイエンスにおける新しい道具が発見されたというよりも、現状使用されている道具がより洗練され続けているという印象です。

一方、以下に挙げるような知識は提供されているでしょうか。

- 実際のビジネスの問題をどうデータサイエンスの問題として捉えるか?
- 機械学習モデルの評価を、AUCや正解率(Accuracy)などのデータサイエンスにおいて標準的に使用される評価指標で評価するのではな

く、実際のビジネスのKPIに沿って評価するにはどうするべきか？

　これらのノウハウやそれらをまとめた書籍・論文については、筆者の知る限り多くはありません。これはビジネスの課題をどのようにデータサイエンスの問題として捉えるのかを考える際には、実際に対象となるビジネスの"個性"に沿う必要があるからだと本書では捉えます。私たち個人が個性を持つように、法の下に作られた"人"にして権利や義務を持つ組織である法人それぞれにも個性があります。その法人が生み出すビジネスは、収益・コスト構造を規定するビジネスモデルにおいて千差万別であり、それぞれが極めて独特な個性を持っています。したがって、安易にすべてのビジネスを包括するような一般論を構築することが難しく、体系だった解説はしにくいと言えます。ビジネスモデルをどう作り変えるのか、または現在のビジネスの個性（強み）をどう伸ばしていくのかを考えることは、事業／経営戦略立案の一部です。それらを実行に移す際に、経営学の教科書通りにしてもうまくいかないように、独自にブレンドしなければならないのと同じことです。

　一方で、ビジネスにおいてデータサイエンスを用いて、著しい成果を出し続けているプロフェッショナルのデータサイエンティストがいることもまた事実です。彼らは"ビジネスとデータサイエンスをつなぐ原理"を理解しているからこそ、高いパフォーマンスを発揮できるのでしょう。もしこの原理が普遍性を持ち、再現性の高いものであると仮定できるとき、その原理さえ一度理解してしまえば、たとえ異なるビジネスを行っていようとも、すべてのデータサイエンティストが高いパフォーマンスを発揮できるはずです。

　本書はこのビジネスとデータサイエンスをつなぐ原理を、評価指標という切り口から、評価指標で捉えられる枠組みの中だけでも体系化しようという野心的な試みから生まれた本です。当然、"ビジネスとデータサイエンスをつなぐ原理"は、評価指標だけで構成されるわけではありません。例えば、ビジネスモデルや会社組織の文化、データ基盤の整備度合い、あるいは社内の人間関係やプロジェクトの推進力といったソフトスキルも構成要素となるでしょう。しかし、評価指標という観点から体系化してまと

めあげることに十分に価値はあり、みなさんの考え方や仕事の進め方に一石を投じることができると確信しています。本書を通じ、ビジネスとデータサイエンスの間に脈々と流れ続ける原理・原則の普遍性を存分に感じていただければ幸いです。

データサイエンスの外側にある
データサイエンスの問題

　2010年前後のビッグデータに始まり、データサイエンス・AI・DX（Digital Transformation）と数々のバズワードが誕生しました。その裏では、「自社でも試してみよう！」と試験的な投資がはじまり、おびただしい数のPoC（Proof of Concept；概念実証）[*1]が行われた結果、数多くのデータサイエンスチームが立ち上がりましたが、ビジネス上の成果をあげられずに解散の憂き目に遭ってしまった例を数多く見てきました。

　自責思考が強い機械学習エンジニアやデータサイエンティストは、「プロジェクトが失敗してしまったのは私の作ったモデルの性能が足りないからだ。より良いモデルを作ろう！」と、休日を返上して技術を磨き、データ分析コンペティションで特訓するも、その修業の成果を披露すべきビジネスの現場において望ましい結果が得られなかったとしたら、「努力は無駄だった」「データサイエンスは虚無」という悟りの境地に達し、出家してしまうかもしれません。特に、データサイエンスに関連する職には、その名の通り"サイエンス（科学）"の教育を受けた優秀な人材が数多く存在します。彼らは高専〜大学院生時代の教育の名残からか、「まだまだ努力が足りなかった」と、昼夜を問わず最先端の手法を学ぶために論文を読んだり、家庭を省みずに機械学習モデルの精度向上に努めたりするかもしれません[*2]。

　しかし、近年のデータサイエンス・機械学習研究に関する論文の量が少

＊1　新しい概念や理論、原理、アイディアの実証を目的とした試作開発、またはその前段階における検証やデモンストレーションを指します。

＊2　筆者の1人は家庭を省みていなかったためバツイチです。読者も人生の優先順位に気を配るようにしましょう。

なくとも線形以上のペースで増加している状況、最先端手法の再現性に関する懸念［Hutson18］［Dacrema19］、強い理論的な裏付けがあるわけではないにもかかわらず"○○ is All You Need"というパワーワードを冠した論文が多数飛び交っている現状を鑑みると、モデルの精度向上の情報を得るために闇雲に論文を読み漁る方法は筋が悪いとしか言いようがありません。このような状況において「結局、私がデータサイエンスを行うために本当に必要なもののすべて（all I need）とは一体何なのだ……」と頭を抱えてしまう方が多いのも"わかりみ"しかないのが偽らざる本音です。

　筆者らの今までの経験上、このような事態が起こる理由はプロジェクトを担当したデータサイエンティストが技術的に優れていなかったからではありません。本質的には、解くべきビジネスの問題をいかにデータサイエンスの問題に帰着するか、データサイエンティストが好みそうな表現で書くと"ビジネスの問題をどのようにデータサイエンスの張る空間に写像するか"に失敗しているためだと筆者らは考えます。さらに、データサイエンスの問題として落とし込んだ後、データをこね繰り回して計算してみた結果を評価する際に、いかにサイエンス（科学）の方法論に則って、ビジネス成果につないでいるかがポイントなのです。図0.1右では、ビジネスの問題の集合がデータサイエンスの問題の集合に落とし込めていない状態を示しています。

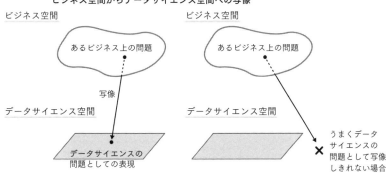

ビジネス空間からデータサイエンス空間への写像

ビジネス空間

あるビジネス上の問題

写像

データサイエンス空間

データサイエンスの問題としての表現

ビジネス空間

あるビジネス上の問題

データサイエンス空間

うまくデータサイエンスの問題として写像しきれない場合

■ **図 0.1**／ビジネスの問題（ビジネス空間）をデータサイエンスの問題（データサイエンス空間）に写像

　データサイエンスをビジネスに適用していくためには、何らかの形でソ

フトウェアの力を借りなければなりません。例えば、定期的／リアルタイムに予測をするしくみ（システム）を作るには、最終的にはソフトウェア開発を行う必要があります。データサイエンスよりも古くからビジネスに応用されてきたソフトウェア開発においても、うまく写像できないちぐはぐな状態が問題として挙げられています。ソフトウェア工学者であるトム・デマルコは、著書であるピープルウェア[Tom13]の中で、以下のような考え方を述べています。

> ソフトウェア開発上の問題の多くは技術的というより社会学的なものである

　この文章を本書なりの解釈として書き直すと、一見逆説的に見えますが"ソフトウェア開発を構築していくうえでの問題は、ソフトウェア開発の外側にある"ということです。では、データサイエンスに同様の考え方を適用したとして、"データサイエンスの外側にあるデータサイエンスの問題"とは一体何なのでしょうか。

本書のアプローチとスコープ

　"データサイエンスの外側にあるデータサイエンスの問題"を説明するためには、少々回りくどくなりますが、"機械学習モデルの生成からビジネス適用までのプロセス"を大まかに見ていく必要があります。すでに十分、機械学習に習熟している読者も多いとは思いますが、少しお付き合いください。

　まずは機械学習モデルの生成についてです。人工知能ブームの裏側で、日夜粛々と構築されている機械学習モデルは、ある種の**最適化計算**によって生まれます（1章で解説します）。どのような最適化計算かというと、

データとパラメータの関数である目的関数を最小化する計算です[*3]。しばしば表現される"モデルを学習させる"とは、この目的関数を最小化する計算のことです。すなわち、"機械学習モデルを学習させる（目的関数を最小化する）"ことで、機械学習モデルのパラメータが学習され、ここにまた1つ新たな機械学習モデルが誕生するのです。

さて、データを新たに収集したり、異なる最適化手法を用いて学習させたりして、モデルの学習プロセスを何度も繰り返し、考えられるたくさんの機械学習モデルを得たとしましょう。通常は、「このたくさんの機械学習モデルを同時にすべてビジネスに適用して運用するぞ！」とはならず、ある1つの機械学習モデルに絞ることになります。したがって、我々はたくさんのモデルの中から最も良いモデルを1つだけ選ぶという選抜のプロセス、言うなれば選抜機械学習モデル大会を開催する必要があるということです。作成されたモデルらを何らかの良し悪しの基準に基づいて、選抜機械学習モデル大会の優勝者（ある1つの機械学習モデル）を決める必要があるということです。そして、この"モデルの良し悪しを見分けるための基準"が**評価指標（Evaluation Metrics ／ Performance Metrics）**なのです。

代表的な評価指標は2章以降で順に解説していきますが、決定係数やRMSE、AUCなど、よく使われる"デファクトスタンダード"な評価指標は数あれど、本質的にその設計方法は自由です。KPIと同様に、ビジネス上の価値を考慮して自分で作成することも可能です。「もっと自由に！ 広げろ！評価指標の解釈を！」ということです。すでに機械学習に習熟している方であっても、以下に示す評価指標は、普段あまり聞かないのではないでしょうか。

- 学習にかかる実時間（学習するのに何分かかるのか？）
- 最終的に出力される機械学習モデルのファイルサイズ（ストレージ上で何メガバイトを占めるのか？）
- 特徴量を入力してから予測値を返すまでの時間（低レイテンシな予測

[*3] 最小化ではなく最大化したい場合には目的関数を −1 倍した形で定義するだけでよいのでここでは議論しません。

が必要なときの評価指標となり得る)*4

　あるいは、どう評価指標に落とし込むのかはまた別の問題ですが、以下のようなものも評価指標として定義できます*5。

- 機械学習モデルの公平性
- 機械学習モデルの解釈しやすさ

　一方、その設計方法の自由度が高いことから、評価指標を網羅することは現実的に不可能です。機械学習の教科書で解説されている評価指標は、上述の"デファクトスタンダード"な評価指標のみであることが通常でしょう。また、データ分析コンペティションでは、コンペティションで与えられた評価指標に対して、機械学習モデルが出力する予測値、もしくはその機械学習モデルを提出することが問題として解かれます。

　では、一見、すでに与えられているように見えてしまいがちなこの評価指標は、実際のビジネスの現場では一体誰がどのように決めるべきなのでしょうか。

なぜ評価指標を必要とするのか

　ここでようやくデータサイエンス自体の外側にあるデータサイエンスの問題の話に戻ってきます。今、読者のみなさんが立っているこのポイントがまさに"データサイエンスとその外側"を分ける境界です。

　先ほど述べたように、評価指標さえ決まってしまえばデータサイエンスの問題として解き、良い機械学習モデルを選ぶことが可能であり、さらに、自身で定義した評価指標を最適化するような目的関数を設計すること

---

*4　Google が提供する Vertex AI のエッジ環境用の AutoML では、予測モデルを作るときにモデルのファイルサイズとレスポンス速度を選ぶことができます。

*5　ビジネスを意識した実践的な例として参考になるのはエムスリーによる Tech Blog[m321] でしょう。彼らは、本書でも紹介する多クラスの場合に混同行列を用いた評価を行っています。

すらも可能です。しかし、"ビジネスとデータサイエンスは独立な概念"で
す。データサイエンスを使わずに成果をあげられるビジネスは山ほどあり
ますし、ビジネスとは関係のないデータサイエンスも当然あります(例え
ばデータサイエンス用のOSS開発、統計科学の独習、純粋なアカデミッ
クな研究活動も該当するでしょう)。したがって、ビジネス自体はデータ
サイエンスと独立な概念であり、データサイエンスが取り扱える外側に位
置しています。そのため、ビジネスの問題をデータサイエンスを用いて解
決しようとした場合、データサイエンスの"内側"の範囲だけで評価指標
を決めることはできないということになります。ここで仮に、あなたが参
加しているデータサイエンスプロジェクトのプロジェクトマネージャが、
データサイエンスにとても明るい人材であれば話は簡単です。「今回は○
○という評価指標を上げに行くぞ!」という意思決定によって、データサ
イエンスの問題に閉じてくれるため、まさに読者のみなさんがプロフェッ
ショナリティを持っている領域のタスクを解くだけになります。しかし、
現実はそう簡単ではありません。プロジェクトマネージャはプロジェクト
のマネジメントに長けていることが期待される人間であって、当然データ
サイエンスに長けているとは限りません。したがって、誰かが何らかの手
段で、データサイエンスの外側にあるビジネスと、データサイエンスをつ
なぐ橋渡しをしなければならず、その手段こそが本書の中心的なテーマで
ある評価指標なのです(図0.2)。

　**データサイエンティストが、評価指標という基準をもとに機械学習モデ
ルの良し悪しを決め、そして得られた結果をビジネスへと橋渡しして、ビ
ジネスの成果につなぐことが期待されるのです。**

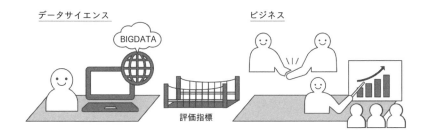

■ **図 0.2**／ビジネスとデータサイエンスを架ける評価指標橋

　では、この"評価指標を決めること"がデータサイエンスの外側にある
ビジネスの問題と密接に関連しているとして、それはどのように決めるべ
きなのでしょうか?　その答えは、"御社がやろうとしているビジネス次第
"、前述したように多種多様なビジネスモデルに依ります。身も蓋もない
結論に見えるでしょうがこれが真実です。したがって、同じく前述したよ
うに一般的な回答を用意するのは極めて難しく、今までこの話題が表面的
にでも書籍や論文などでふれられることが少なかった理由です。

　この課題感はここ数年のAIブームに乗じて持ち上がってきたものでは
なく、実は10年ほど前から機械学習コミュニティで問題視されています。
例えば、Langley[Langley11]やWagstaff[Wagstaff12]の論文は、多くの
機械学習に関する論文で用いられる評価指標と、その議論の仕方そのもの
に関する問題を指摘しています。いくら「機械学習モデルの評価指標の数
値が交差検証(クロスバリデーション)で何%改善した!」と言ったところ
で、実際に機械学習モデルが適用・運用される領域における影響の大きさ
は、その適用される領域の構造を考慮しなければわからないという主張で
す。Wagstaffの論文[Wagstaff12]では、例えばあやめデータ*6において
は80%の分類精度で十分かもしれないが、毒キノコの分類*7の場合には
99%の精度が要求されると言及されています。前者(あやめ)の場合には
分類精度が致命的な結果をもたらすことはないが、後者(毒キノコ)の場
合には、"間違って毒キノコではない(偽陰性;False Negative)"と判定さ

＊6　　https://archive.ics.uci.edu/ml/datasets/iris
＊7　　https://archive.ics.uci.edu/ml/datasets/mushroom

れたきのこをうっかり調理して食べてしまう状況を考えるとこれは文字通り致命的となるからです。本書の言葉で説明するならば、すべては"適用される領域の特性"、すなわち"御社のビジネス"次第ということです。論文では、機械学習モデルに汎用性を持たせようと抽象化して扱う必要があるため、本来は適用される領域ごとに数値の持つ意味と価値は変わるはずなのに、一律に扱っている点が問題であると指摘しているのです。

　しかし、本書の筆者らはビジネスとデータサイエンスの間をつなぐ原理が存在すると信じており、この原理が普遍的なものであると仮定できるならば、たとえ異なるビジネスを行っていようと、そこに成り立つ普遍的な処方箋があると考えます。本書では具体例を交えて、この原理について平易に解説していきます。

　仮に、そういった原理など存在しないし、自分には無関係であるという姿勢で、ビジネスとの関係をよく考えないまま、無関心に評価指標を用いた場合、どのようなことが起こるのでしょうか。

　「評価指標で○○という最高のスコアが出た！」と喜び勇んで、機械学習モデルが出力してくる予測結果をもとにビジネスを運用したとします。ところが、ビジネス上のKPIと相関が高い評価指標を選んでいなかったために、KPIの推移を見てみると、大した変化がありませんでした。あるいは「毎日夜遅くまで残業をして、特徴量生成とクロスバリデーションによって評価指標を改善しました！」というデータサイエンティストがいたとします。ところが、KPIの改善のためにはそこまで高い評価指標の値を達成する必要ありませんでした。このようなケースでは、データサイエンティストが費やした工数がすべて水の泡となってしまいます。

　このような悲しい状況にならないよう、またすべてのデータサイエンティストが適切にビジネスに価値を返すことができる一助にならんことを企図し、本書は、「どのようなケースにどのような評価指標を使うべきか？」という疑問についても、できるだけ平易に解説していきます。さらに、本書を読むことで、評価指標選択のミス、評価指標の結果の読み間違い、解釈の誤りなどを避けることができるでしょう。

　また、近年ではAutoML（Automated Machine Learning）という機械学習に関連したさまざまなタスクの自動化技術が世界中で競うように開発さ

れています。このAutoMLの進展によって、一個人としての機械学習エンジニアやデータサイエンティストにとって、"予測精度を向上させ続けるという能力"で差別化をするのは難しくなりつつあります。一方、本書が提唱するビジネスとデータサイエンスの間をつなぐ手段としての評価指標、およびその考え方について身につけている人はほとんどいません。よって、本書の内容を自社、あるいは顧客のビジネスに応じて臨機応変に適用できる人材となれば、"ビジネスの問題をデータサイエンスの問題と正しく接続できる人材"として市場価値の向上にもつながることでしょう。本書を参考に、すべてのデータサイエンティストがこの新たな能力を身につけてくれることを切に願います。

想定する読者

本書の想定読者は、実際のビジネスにおいて、機械学習、あるいはデータサイエンスを行っている方です。より具体的には以下のような方を想定しています。

- 顧客のためにデータ分析を中心としたサービスを提供する受託データ分析／コンサルティング会社のデータサイエンティスト
- 自社のサービスをより良くするために機械学習モデルを開発・運用している機械学習エンジニアやデータサイエンティスト

これからデータサイエンティストになることを志す学生の方、あるいはすでに大学で教鞭をとっておられる大学教員の方にとっては、「ビジネスでデータサイエンスに関わる人たちはこういう悩みや課題を持っているのか」「このような考えでビジネスの問題を解決しようとしているのか」といった、道具として正しくデータサイエンスを使う側面の面白さを感じていただけると幸甚です。

本書を読むにあたっては、基本的な統計学や機械学習の基礎知識を前提

としますが、特別な知識は不要です。また、あくまでビジネスにおいて機械学習、あるいはデータサイエンスを行っている人を想定読者としているため、数式部分については、その数学的な厳密さよりも直感的なわかりやすさを重視した表記を用います。

　機械学習プロジェクトのはじめ方については参考文献に挙げる書籍[有賀21]を、またデータの観測構造のモデル化やデータに潜むバイアスの問題およびその対処法など、機械学習を機能させるための前段階に興味のある読者は、同じく参考文献に挙げる書籍[斎藤21]を参照するとよいでしょう。

　なぜ我々が実際のビジネスにおいてデータサイエンスに携わっている方を主な想定読者としてターゲットにしたかの理由ですが、今後も機械学習を活用したビジネスが数多く誕生し、データサイエンスがビジネスに正しく適用され、その成果が生産性の向上や新たな付加価値の創出といったビジネスの価値として広く行き渡ることを期待しているからです。筆者らが並々ならぬ愛着を持つデータサイエンスが、社会における学問領域として存続し、またそれを職業とする同志を増やすためには、データサイエンス自体が人々の役に立っていることを示し続けなければならないのです。ゆくゆくは世の中を発展させ、豊かにしていく中心を担う源となって欲しいとも考えています。

　本書は他の多くの機械学習に関する書籍とは異なり、理論や計算手法、また深層学習に代表されるライブラリの使用法を紹介するためのものではありません。本書を通じて身につけてほしいのは、実際のビジネスとデータサイエンスをつなぐ橋である評価指標についての理解を深め、自社のビジネスに合った評価指標を選択、あるいは独自に評価指標を定義・開発できるようになる考え方そのものです。本書でもいくつかの代表的なビジネスの例を扱いますが、ビジネスモデルの自由度は限りなく高いゆえ、限られた問題設定しか取り扱うことしかできません。また読者ごとに取り組んでいる問題設定が異なるわけですから、本書で解説している本質を理解したあとは、それを自社のビジネスに対してどう適用すべきかを己で考えて実践していく必要があります。そのため、単一の正解を求めるという態度ではなく「ここは自社のビジネスで考えるとどうなるのか？」「この仮定が

成り立たない場合はどうなるのか?」「こういう解法・見方もあるのではないか?」など能動的な姿勢を持って読んでいただければと思います。

　本書は、データサイエンスにおける問題解決の手法を体系的に提示するわけではありませんし、データサイエンティストとして成功するためのノウハウを紹介した書籍でもありません。評価指標について教科書的に体系化することに意味はあるかもしれませんが、前述したように"個性"あるビジネスを対象にする以上、最終的にはみなさんが取り組んでいるビジネスに大きく左右されます。したがって残念ながら、これさえやれば必ずうまくいくという読後感をみなさんに与えることはできないと考えます。筆者らが本書を通してみなさんに提供したいのは"気づき"です。今まで強く意識してこなかった評価指標という道具を通じ、「ビジネスに価値ある形で機械学習モデルを改善していくためにはどうすべきか? 何をやるべきか?」「自分たちのビジネスにおいてのコアは何なのか? データサイエンスはどう活用されるのか?」*8 などの問いに答えを出せるようになる・考えるようになることが大切です。みなさんがこのようなことを考えながら日々の業務を推進できるようになったなら、本書の目的は達成できたと言ってよいでしょう。能動的な姿勢でビジネスとして機械学習モデルを運用しようとしている方、またすでに運用している方、あるいは評価指標について日々想いを馳せている方に読んでいただけると幸いです。また、この分野に生きる読者が、データサイエンスで明るい未来を切り開いていくための現在と未来の橋渡しの道具として、本書を活用いただければ幸いです。

サンプルコードと参考文献

　本書で示すサンプルコードはPythonで書かれています。必要に応じてコードの一部は本書の中で解説しますが、すべてのコードを参考にしたい

---

*8　究極的には「データサイエンスをやらなくてよい」という結論に到達することもあるでしょう。

場合はGitHubのリポジトリを参照してください。

https://github.com/ghmagazine/evaluation_book

　各章末には、章内で言及している論文や資料についてまとめており、それらを"参考文献"として掲載しています。本書の解説をより深く理解したい場合などに参考にしてください。

[Dacrema19] Maurizio Ferrari Dacrema, Paolo Cremonesi, Dietmar Jannach "Are we really making much progress? A worrying analysis of recent neural recommendation approaches" RecSys, 2019.

[Hutson18] Matthew Hutson "Artificial intelligence faces reproducibility crisis" Science, pages725-726, 2018.

[Langley11] Pat Langley "The changing science of machine learning" Machine Learning, pages275–279, 2011.

[Tom13] Tom DeMarco, Timothy Lister（著）,松原友夫,山浦恒央,長尾高弘（翻訳）,"ピープルウエア" 日経BP, 2013.

[Wagstaff12] Kiri Wagstaff "Machine learning that matters"ICML, 2012.

[有賀21] 有賀康顕,中山心太,西林孝 "仕事ではじめる機械学習 第2版" オライリー・ジャパン,2021.

[齋藤21]齋藤優太,安井翔太（著）,株式会社ホクソエム（監修）"施策デザインのための機械学習入門" 技術評論社,2021.

[安井20] 安井翔太（著）,株式会社ホクソエム（監修）"効果検証入門" 技術評論社,2020.

[m321]「数量を機械学習で当てる　モデル作成時の工夫と性能説明手法」, https://www.m3tech.blog/entry/predicting-quantity-ml

目次

ビジネスとデータサイエンスを架けるもの

1章 評価指標とKPI

2章 回帰の評価指標

3章 二値分類における評価指標

XXIV

4章 多クラス分類の評価指標

1章

評価指標と KPI

1.1　機械学習と評価指標

　めまぐるしく変化し続ける AI ワールドにおいて、時代の流れに取り残されまいと、もがき続けている方は多いのではないでしょうか。日常的にデータサイエンスや AI、機械学習などがビジネスに適用されるようになり、arXiv[*1]や国際カンファレンスでは、機械学習に関する新たな方法論やモデルについての研究が次々と発表されています。こういった状況では、みなさんが常日頃から最先端の機械学習手法を学ぶことに情熱的になるのも無理はありません。

　機械学習の研究は"一般化された方法論やアルゴリズムを構築する"ことを主眼に行われる以上、"できるだけ汎用的な状況で活用できる機械学習モデルの予測精度向上"に焦点を置くのは自然なことです。一方、ビジネスの現場においてはまず"機械学習で解くべき問題は何か"に答えを出し、その次に"その問題をどう解くのか"を考えなければなりません。機械学習の方法論の習得に熱中し盲目的になってしまうと、このその問題をどう解くのかをよく考えずにおざなりにしてしまうことがあります。こうなると、せっかく日々熱心にさまざまな最新手法を（人間が！）学習しているにもかかわらず、ビジネス的な成果はまるで出ないという悲しい状況が誕生してしまいます。モデル作成のノウハウやデプロイパイプラインがいくら素晴らしいものであっても、ビジネス的なインパクトがまるで出ないという状況にいとも簡単になり得るのです。ビジネスの現場において、どのような最先端（Cutting-edge）な手法を使うかは二の次です。

　"その問題をどう解くのか"という問いは

- どういうモデルを使うか（例：深層学習なのかロジスティック回帰なのか）
- 何をもってモデルの良し悪しを判断するか（例：AUC なのか Log-

[*1]　https://arxiv.org/

Lossなのか）

- 予測結果に基づき、どういうビジネス施策を行うか（例：個別化された値下げ施策、分類された対象に対する特別な営業施策）
- どういうアーキテクチャ・体制で運用・改善していくのか（例：GCP、AWS、Azure、それともオンプレミスなのか。運用チームを立ち上げるのか、開発チームが運用まで行うのか）

という4つの小問へと分割でき、本書は2つ目の小問"何をもって良いモデルとするか"という問いに着目し、ここでモデルの良し悪しの判断基準となる評価指標が重要な役割を果たします。本章では、機械学習をビジネスの現場に適用する際に潜む罠を、この評価指標という切り口から、解説していきます。

▌1.1.1　本章の目的

　本章の目的は、以下の2つの指標の関係性を解き明かし、自分たちが機械学習モデルを用いて何をしなければならないのかを理解することです。

- 機械学習モデルの評価指標（Evaluation Metrics ／ Performance Metrics）
- ビジネス上のKPI（Key Performance Indicators；重要業績評価指標）

　本章で紹介する考え方を理解すれば、読者が抱えているビジネス上の問題や、これからデータサイエンティストとして立ち向かわねばならないであろう未知の状況にも対応できるようになります。また、真にビジネスインパクトのある機械学習モデルを構築・運用していくためにはどのように考えればよいのかについても紹介します。

　本書では、**評価指標を学習させた機械学習モデルの良し悪しを測るための"ものさし"**として定義します。詳しくは後述しますが、評価指標を用いることで機械学習モデルを比較できるようになります。

　KPIとはビジネス上の目標の達成度合いを計るための定量的な指標であ

り、曖昧模糊とした抽象的なビジネスにおいて、成功を測るために用いられます。データを活用したビジネスの現場では、ビジネス施策が正しくビジネスに対してインパクトを与えたか否かを測るための指標としてよく用いられています。本書はデータサイエンスを活用したビジネス施策のみに的を絞っていますから、「機械学習モデルを開発・運用してビジネス的に良い効果があった！ 成功した！」と言えるための判断基準ということです。

　KPIとしてとり得る指標自体も自由度が高く、例えばある期間における売上やコスト削減金額のように金銭的な数量の場合もありますし、来店顧客数やアンケート回答者数、クリック数、サービス解約率、作業時間削減量、救命人数、恋活・婚活マッチング数などをとることもあります。

　評価指標とKPIの関係性について述べていく前に、次節で機械学習における最適化について説明します。すでに機械学習を十分に習熟している読者の方は「1.4 評価指標とは」まで読み飛ばしていただいてかまいません。

1.2　機械学習と最適化計算

　機械学習とは、データに対して数理モデルを当てはめ、その結果として得られる関数に基づいて自動的にパターンの発見や未知のデータに対する予測、また不確実な状況における意思決定を実行する手法の総称です[Kevin12]。機械学習は、自動運転における物体認識、文書分類、商品推薦、商品ランキング、異常検知など、幅広い分野に応用されています。

　機械学習においては、解くべき問題（タスク）は大きく次の3つに分類[*2]されます。

- 教師あり学習：予測対象そのものがラベルとして付加されているデー

[*2]　その他にも分類として、半教師あり学習（Semi-supervised Learning。予測対象そのものがラベルとして付与されたデータと、まったくラベルが付与されていないデータから学習）や弱教師あり学習（Weakly-supervised Learning。ラベル情報が不正確であったり、または一部のみに付与されていたりするデータから学習）などもありますが、本書では取り上げません。

タを学習し、分類あるいは回帰を実行するタスク

- 教師なし学習：ラベルが付いていない入力データを学習し、分類などの推論結果を得るタスク
- 強化学習：累積報酬を最大化するためエージェントが環境においてどのような行動系列をとればよいのかを学習するタスク

　ここでいう**ラベル**とは正答だと考えられる値、あるいは分類におけるカテゴリのことです。ここで示した3つのタスクの学習には、それぞれに適した方法論があり、各々が日進月歩の勢いで研究開発されています。その際に共通となる数学的な処理が最適化計算です。

　本節では機械学習を最適化の視点から解説します。

▊ 1.2.1　機械学習のフェーズ

　機械学習とは"データに対して数理モデルを当てはめ、その結果として得られる関数に基づいて自動的にパターンの発見や未知のデータに対する予測、また不確実な状況における意思決定を実行する手法の総称"であると前述しました。機械学習自体は、この定義からも読み取れるように、2つの主要なフェーズに分けることができます（図1.1）。

　1つ目は学習フェーズです。このフェーズが"データに対して数理モデルを当てはめ"の部分に相当します。このフェーズでは、学習対象としたいデータからモデルを学習させます。"モデルを学習させる"とは、最終的に何らかのモデル（数学、あるいはプログラミングの視点で表現すると関数です）を得ることです。ここで**関数**は"何らかの入力をもとに何かしらを出力するもの"と考えてください。より数学チックに言うと、機械学習の学習とは"数理モデルが表現し得る関数全体の集合から、与えられたデータを最もよく近似できる関数を求める問題"です。モデル自体は何らかのパラメータによって特徴づけられており、パラメータを決めればそのモデルの振る舞いが決まります。最も単純な機械学習モデルの例としては、みなさんも中学生のときに習った一次関数（直線）があります。一次間数は傾きaと切片bの2つのパラメータで特徴づけられ、

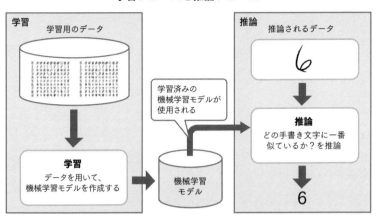

■ **図 1.1** ／MNISTのデータセット[*3]を用いた学習・推論フェーズの説明

$f(x; a, b) = ax + b$ のように表記します。x は関数の入力であり、データサイエンスの文脈で言えば特徴量です。またセミコロン; の後ろにパラメータ a, b を明示しています。機械学習の学習フェーズの目標は、データを使ってこれらのパラメータ a, b を決定することです。ここで"これらのパラメータを決定する"と言いましたが、それを一体どのように決定するのか？ については次項で説明します。

　2番目のフェーズは推論フェーズです。このフェーズは、機械学習モデルから出力された数値や分類に応じてランキングやスコアリングと呼ばれることもしばしばあります。機械学習の定義における"結果として得られる関数に基づいて自動的にパターンの発見や未知のデータに対する予測、また不確実な状況における意思決定を実行する"の部分に相当します。推論フェーズは、学習されたモデルを、通常は学習時とは異なるデータに対して適用し、予測や意思決定を実行するための出力を生成するフェーズです。このフェーズは学習フェーズが完了していれば"新たなデータに対して学習フェーズで手に入れた関数にデータを適用するだけ"です。本書の

[*3]　人の手で書かれた0から9までの数字の画像データで構成されるデータセットです。Yann LeCun 氏らによってインターネット上で公開されています。手書き画像データと、その画像の正解となる数字のラベルデータで構成されています。http://yann.lecun.com/exdb/mnist/

主眼ではありませんので、推論フェーズの詳細は割愛します。

推論フェーズにおける難しさは数理的な難しさというよりも、"リアルタイムに推論していくためにシステムとしてどう開発すべきなのか"や"推論結果や入力されてくる新たなデータの分布の監視はどうすべきか"などシステム開発としての側面が強く出てきます。

本書のメイントピックである評価指標は、推論フェーズでも監視対象とすべき指標ではありますが、学習フェーズの時点で何を用いるのかをあらかじめ決定しておく必要があるため、本書では学習フェーズに注目し次項にて詳しく解説します。

1.2.2　学習フェーズ

学習フェーズとは、データに対して数理モデルを当てはめるフェーズであると前述しました。学習フェーズとは数理的な操作として記述すると、目的関数を最小・最大化するフェーズであり、機械学習を賢くさせる鍵を握っているフェーズです。

機械学習における学習とは、**機械学習モデルの動作を特徴づけるパラメータをデータから決定すること**です。つまり、機械学習を用いて解きたい問題を上手にこなせるように、パラメータを調整するのが学習なのです。パラメータを調整するためには最適化問題（Optimization Problem）を解きます。**最適化問題**とは、"与えられた制約条件の下、目的関数（Objective Function）を最大または最小にする解を求める問題"です。最大化問題と最小化問題は、目的関数を -1 倍してしまえば本質的な区別は不要なので、以下、本書では最小化問題として扱います。

目的関数は、損失関数（Loss Function）やコスト関数（Cost Function）、あるいは誤差関数（Error Function）とも呼ばれます。本書では機械学習においては"何らかの最適化問題を解いているのだな"と意識するため、最適化問題の文脈で使用される目的関数という表記に統一します。ここで強調しておきたいのが、**最適化問題を解く際の目的関数と、本書で紹介していく評価指標は通常異なる**ということです。まれに一致するケースもあ

りますが、基本的には独立した概念であると考えてください[4]。

目的関数を求める例を、一次関数（直線）$f(x; a, b) = ax + b$ を用いて説明します。最小二乗法を用いてパラメータ a, b を推定するための目的関数 $obj(a, b)$ は、以下のように書くことができ、これは二乗誤差と呼ばれる関数です。

$$obj(a, b) = \sum_{i=1}^{N} (y_i - (ax_i + b))^2$$

ここで N はデータの個数であり、$\{(x_i, y_i); i = 1, \ldots, N\}$ はデータの集合であり、x_i や y_i は機械学習が出力する予測値に対応させる形で実測値とも呼ばれます。この x_i と y_i の間には線形な一次関数の関係が成り立つであろうことを期待し、そのパラメータ a, b を推定するために、目的関数 $obj(a, b)$ が最小になるような a, b を求めるという流れです。

繰り返しになりますが、目的関数と評価指標は、どちらも最大もしくは最小化すればするほどよいという点は類似していますが、本質的には異なる概念ですので注意してください。ここでは"目的関数というものは機械学習モデルのパラメータを決定するために最小化しなければならない関数なんだな"と理解してください。この例では、目的関数を二乗誤差式として定義しましたが、目的関数だけではなく評価指標となり得るのか、またビジネス上の KPI としても適切であるのかは完全に別の問題です。これらをどのように決定していくか考える術を提供することこそが本書の主眼です。

---

[4] この目的関数と評価指標と KPI はしばしば混同されがちな概念です。本質的には独立であるこの3つの概念がしばしば混同されてしまう主要な原因は、極めてまれではありますが、そのすべてを＝（イコール）で結ぶことができる、すなわち「目的関数＝評価指標＝KPI」とみなせるケースが存在するからです。このケースはデータサイエンティストあるいは機械学習エンジニアには非常に幸運なことです。なぜなら、開発している機械学習モデルの最適化計算（ここで目的関数が最小化されます）さえうまくいけば、最終的なビジネスの目標であるビジネス上の KPI すらも最適化されていることが保証されている状況に対応するからです。この関係が成り立つ場合を筆者らは「データサイエンスにおける黄金律」と心の中で呼んでいます。なぜなら機械学習エンジニアの頑張り、すなわち目的関数が最小化されればされるほど、評価指標で測った機械学習モデルの良さが改善されればされるほど、それがそのまま KPI の達成に直結しているからです。残念ながら通常、みなさんが取り扱うことになるビジネスにおいてはこの等式が成り立つことはないでしょう。この3つの量は独立な概念であるため本来まったく関係はないのです。一方、機械学習モデルを用いたビジネスを成功させるということは、何らかの方法で、この3つの異なる概念、特に評価指標と KPI の間に強い相関関係を構築することと等価であると言っても過言ではありません。

　本項では、機械学習の学習フェーズが最適化問題を解いていることに等しいということを理解してください。次節では機械学習プロジェクトの流れについて説明します。

Column

目的関数は機械学習モデルのパラメータのダイナミクスを決める

　少し視点を変えて数学的に言うと、目的関数は機械学習モデルのパラメータのダイナミクスを決めるものという見方もできます。**ダイナミクス**とはパラメータ更新の進み方・動き方を決めるものを意味します。機械学習では、目的関数を最適化するために"目的関数の勾配"を算出して、パラメータを更新していく手法が幅広く使われています（最適化計算の方法自体は、勾配を算出して最適化する手法に限りません）。オープンソースニューラルネットワークライブラリであるKerasや、オープンソース機械学習ライブラリであるscikit-learnなどのライブラリを使用する際には、我々が意識しなくても、裏側でしばしばこの勾配計算のお世話になっています。例えば最も基本的な**確率的勾配法**では、以下のような目的関数 Q を最小にする d 次元の機械学習モデルのパラメータ $w = (w^1, \ldots, w^d)$ を見つける問題を解きます。

$$Q(w) = \sum_{i=1}^{N} Q_i(w)$$

　ここで、Q_i は i 番目のデータに対する目的関数です。例えば、予測したい値を y_i、特徴量 x_i からその値を予測するモデルを $f : x \to y$ として二乗誤差を仮定すると、$Q_i(w) = (y_i - f(x_i; w))^2$ と書くことができます。また、確率的勾配法では、データをすべて使うのではなく、データ数 N よりもずっと少ない n 個をランダムに抽出します。

　目的関数 Q を最小化する標準的な方法は、η をステップサイズ（学習率とも呼ばれます）として、以下の処理を指定回数、あるいは w の変化が指定した大きさよりも小さくなるまで繰り返します。ここで勾配（Gradient）$\nabla Q(\cdot)$ は、以下のように書きます。

$$\nabla Q(w) = \left(\frac{\partial Q}{\partial w^1}, \dots, \frac{\partial Q}{\partial w^d} \right)$$

確率的勾配法を用いた場合の t 番目の繰り返し処理は、以下のように書きます。

$$w_{t+1} \leftarrow w_t - \eta \nabla Q(w_t) = w_t - \eta \sum_{i=1}^{N} \nabla Q_i(w_t)$$

パラメータベクトル w を t 番目の状態 w_t から $t+1$ 番目の状態 w_{t+1} へと更新し、繰り返し処理を継続します。この数式をじっとにらんでみると "w という機械学習モデルのパラメータの値の更新は Q という目的関数の勾配(∇)によって決められる" と読むことができます。より格好よく言うなら、機械学習モデルのパラメータが次の更新時にどのような値へと更新されるのかというダイナミクスを目的関数 Q の勾配が決めているということです(図1.2)。このような解釈方法は近年開発され、Adam [Kingma15] や Adadelta [Matthew12] といった最適化手法でも同様です。

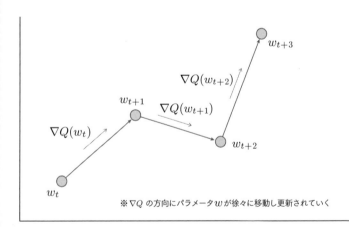

■ 図1.2／パラメータ更新の繰り返し処理のイメージ

1.3 機械学習プロジェクトの流れ

　機械学習プロジェクトに決まった進め方はなく、それぞれのビジネス現場によって異なります。本節では、代表的な機械学習プロジェクトの流れを紹介し、その流れの中で本書の主題となる評価指標を考慮した振る舞いについて考察します。

1.3.1 CRISP-DM

　本節では、機械学習プロジェクトの流れを**CRISP-DM**（CRoss-Industry Standard Process for Data Mining）と呼ばれる、同名のコンソーシアムによって提唱されたデータマイニングプロジェクトの推進方法について解説します[*5]。"for Data Mining"と銘打っていますが、データマイニングのためのプロジェクト推進法に限ったものではありません。

　IBMやSAS、Microsoftといった企業も独自のデータマイニングプロジェクトの推進方法に関する方法論[Martínez19]を提唱していますが、CRISP-DMはいくつかの企業（データウェアハウス企業・保険会社・自動車メーカーなど）によって策定された団体、およびその規格です。

　以下は、1999年3月にブリュッセルで開催された第4回CRISP-DM SIGワークショップで発表され、その年の後半に「CRISP-DM 1.0 Step-by-step data mining guides」として公開された資料[Chapman00]からの引用です。

Deployment

.. 中略...

It often involves applying "live" models within an organization's decision making processes—for example, real-time personalization of Web pages or repeated scoring of marketing databases.

---

* 5　日本の資料でもしばしば引用されている CRISP-DM は、その有名さから漫画で紹介する取り組みもあります。「第1話 機械学習の仕事内容って？ 実はコードを書くだけじゃない！【漫画】未経験なのに、機械学習の仕事始めました」https://www.r-staffing.co.jp/engineer/entry/20210122_1

展開

..中略...

多くの場合、組織の意思決定プロセスで「生きた」モデルを運用していく必要があります。たとえば、Webページのリアルタイムのパーソナライゼーションや、マーケティングデータベースに対する定期・逐次的なスコアの更新などです。

　この資料を読んでみると、機械学習モデルを実際に運用しているプロダクトやサービスへ適用するために、展開[6]についても考慮していることがわかります。

　CRISP-DMによると、データマイニングプロジェクトの流れは、図1.3に示すように6ステップで構成されます[7]。

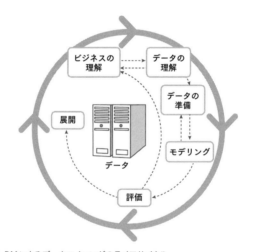

■ **図 1.3** ／ CRISP-DM によるデータマイニングのライフサイクル

　これらのステップは、データサイエンティストだけではなく、プロジェクトに関連のあるビジネスを担当している担当者やソフトウェアエンジニ

＊6　展開はデプロイとも呼ばれ、機械学習を用いたアプリケーションをインフラ上へと展開し動作させることを指します。

＊7　2000 年代後半に、CRISP-DM を更新しようという試みもありましたが、この活動や更新のアイデア自体も普及するには至っていないようです。

アなどの職種混成チームで取り組むことがほとんどです。

"ビジネスの理解"や"データの理解"は、プロダクトマネージャまたはプロジェクトマネージャ、あるいは営業担当のような、そのビジネスを十分に理解し、実際の顧客と接点がある人と共同で取り組むことが多いステップです。必要に応じて、顧客に対してヒアリングを実施し、顧客の声を集めることもあります。このあとのステップの根幹となる"ビジネスの理解"の重要性は言うまでもありません。例えば、担当しているサービスの売上を伸ばしたいと考えたときに、次に挙げるように売上の発生する条件を細かく押さえる必要があります。

- サービスの売上は、どのような条件で発生するのか？
  - 基本的には無料で使用できるのか？
  - 月額課金なのか？
  - 何かのアイテムを購入するたびに課金されるのか？
  - アカウントを上位プランに変更した場合にのみ課金されるのか？

同じように、費用（コスト）がどのように発生するかを押さえると、ビジネスの理解につながります。売上とコストのような数値を把握するだけではなく、施策継続の可否判断のような意思決定のためには、データサイエンティストは"ビジネスの数理的構造"を理解する必要があります。キャッシュフローに着目する場合は、以下に挙げるような事項を把握します。

- 二値クラス分類を1つ間違えたときの損害は、1つ正しく正解したときの報酬に比べて3倍程度となる
- 在庫が1つ余った場合の損害は平均X円程度で、1つ商品が売れた場合の利益はY円程度である
- 1クリックが発生した場合に見込める収益はX円程度で、そのクリック予測のために必要な機械学習モデルの運用に必要なコストはY円程度である
- サービスの解約率が1%下がると月の売上はX円程度増える

このような"ビジネスの数理的構造"を把握しておかなければ、KPIと評価指標の関係性を理解することは難しくなってしまいます。ビジネスの数理的構造をどのように考えればよいのかについては、本書の主題ではないため「Appendix ビジネス構造の数理モデリング」で解説します。

データの準備は、データをどのように保管・活用できるようにすべきかを十分に検討し、インフラエンジニアやデータエンジニアと連携するステップです。新規プロジェクトの場合は、この段階で次のような議論も同時に進めます。実践的なデータ基盤についてのあり方については参考書籍[ゆずたそ21]を参照するとよいでしょう。

- データストレージとしてどのようなクラウドストレージあるいはオンプレミス環境を用いるのか
- データウェアハウスとして何を用いるのか
- データをどう保持するのか（列指向で持つのか、行指向なのか、権限付与はどうするのか）

$\mathcal{C}$olumn

特徴量の特徴量たる所以

機械学習モデルへ入力される加工されたデータは、しばしば**特徴量**と呼ばれます。特徴量とは、機械学習の文脈では、最終的に予測したい値やデータ自身、あるいは解きたい問題を"特徴づける"量を数値で表したものです。機械学習の文脈ではなく、より一般的には、その人や物が何であるかを特徴づける性質や条件を意味し、日常的な用語ではアイデンティと言うこともできます。ここで何度も"特徴づける"という語を用いましたが、例えば牧山幸史さんという仮想の男性は、表1.1で示す属性によって特徴づけられており、特徴部分を数値で表すと特徴量となります。

▼ 表1.1／属性と特徴

属性	特徴
居住地	東京都中央区
年齢	46歳
最終学歴	幼卒
職業	会社経営
年収	高

　機械学習においては、これらすべての属性によって牧山という人物を"特徴づけている"(彼を彼たらしめている)と考えるのです。これが特徴量の"特徴"量たる所以です。

　機械学習プロジェクトでは、データから特徴量を抽出し、その特徴量を使ってモデリングを行います。また、データから機械学習モデルに適した特徴量を抽出する作業自体は**特徴量エンジニアリング(Feature Engineering)** と呼ばれ、**モデリング**の過程において重要な役割を担います。データから解きたい問題を適切に特徴づける特徴量が抽出できれば、品質の高い機械学習モデルが構築できます。解きたい問題を適切に特徴づけるとは、扱っている問題、データサイエンスの文脈では回帰・分類問題において重要度の高い変数を捉えられているのかを考えればよいでしょう。Couseraの創業者にしてスタンフォード大学教授のAndrew Ngは、2013年に公開したレポート[8]の中で以下のように述べており、これからも特徴量エンジニアリングの重要性が理解できるでしょう。

　'Applied machine learning'is basically feature engineering.

　「*機械学習の実践*」とは、つまるところ特徴量エンジニアリングである。

　機械学習で扱うデータと機械学習モデルはそれぞれ多種多様ですので、

＊8　http://ai.stanford.edu/~ang/slides/DeepLearning-Mar2013.pptx

> どんなプロジェクトにも通用する特徴量エンジニアリングの一般論を構築
> することは困難です。そのうえ、与えられた問題に応じて、使用する機械
> 学習モデルも変わりますし、問題、あるいはその際に選定した機械学習モ
> デルに適した特徴量が必要になることもあります。このような性質を持つ
> 特徴量エンジニアリングにおいて、力を発揮すべき職種がデータサイエン
> ティストなのです。特徴量エンジニアリングについて詳しく知りたい方は
> 参考書籍 [Zheng19] を参照してください。

モデリングは機械学習モデルを作成する過程であり、言うまでもなく
データサイエンティストの腕の見せ所です。以下のようなことを考慮しつ
つ、実際に機械学習モデルを構築します。

- 解きたい問題に応じて、どのような機械学習モデルを用いるのか
- ハイパーパラメータ（学習前に設定しなければならないパラメータ）
  はどの程度チューニングすべきか
- （クラス分類の問題であれば）最終的な分類の閾値はどのように調整
  すべきか

また、コラム「特徴量の特徴量たる所以」で紹介したように、"どのよう
な特徴量を用いるべきか"を検討し、特徴量エンジニアリングを繰り返す
ことも重要です。モデリング自体については、和書・洋書含め多数の書
籍・資料があるのでご自身に合ったものを参照してください。

次に本書の主題となる**評価**のステップです。データサイエンティストだ
けで行う評価とは、本書の主題でもある評価指標を用いた機械学習モデル
の評価でしょう。ビジネス的な観点からプロジェクトを評価する際は、
A/B テストなどを通じて実際に機械学習モデルが KPI に与える影響を測
ることで評価することになります。A/B テストの詳細については参考書
籍 [Kohavi21] を参照するとよいでしょう。本書では、機械学習の評価指
標だけでなく、ビジネス施策としての機械学習のプロジェクトの評価につ
いても解説していきます。

展開は、作成した機械学習モデルの実際のサービスへの適用や、関連し

たビジネス施策を実行することを指します。機械学習モデルがソフトウェアサービスの一部として組み込まれている場合、デプロイやリソースと捉えてもらってもかまいません。また、場合によっては最終的な分析レポートをまとめてクライアントや経営陣に対して分析結果を報告することまでを展開と呼びます。

　機械学習の展開に関連して、機械学習プロジェクトで陥りがちな思考について紹介します。まず、機械学習プロジェクトチームとしては、最終的な機械学習モデルのアウトプットをビジネス施策に落とし込めるかについて、常に実践可能な答えを用意しておかなければなりません。例えばあるサービスを使っているユーザが、解約してしまうか否かを判断する機械学習モデルを構築しているとしましょう。解約しそうなユーザを完全に特定できる機械学習モデルを構築できたとしても、その後の"どうやってユーザの解約を実際に阻止するのか"というビジネス施策を用意できていなければ、この機械学習モデルはビジネス貢献につながりません。この例では、解約しそうなユーザを予測したうえで、次のようなビジネス施策に落とし込むことが考えられます。

- 次年度の料金が半額になるクーポンを送付する
- 解約直前の画面において、アップグレード無料クーポンを提示する
- カスタマーサクセス部門と連携し、顧客に対して解約しないよう直接交渉してもらう

　最終的なビジネス施策に至らないとなれば、機械学習モデルを開発したコストの分だけ赤字になるでしょう。ところが、プロジェクトチームが"機械学習モデルで解約しそうなユーザを予測する"よりも"解約しそうなユーザをどれだけサービスに留めるか"を優先するという判断もあり得ます。そのときは、解約予測で機械学習モデルをどう使うかに頭を悩ませるのではなく、より本質的な解約阻止自体にどうデータサイエンスを活用すると成功するかに焦点を絞り、対策を練ってください。

　このように「今抱えているビジネス上の問題において、どの要因がビジネスの成否を支配し得るか？」という思考を持つこと、その肌感覚を養う

ことが機械学習プロジェクトの参加者にとって必要です。これは一朝一夕でできることではありません。ビジネスの現場で考え続け、似たようなケースを書籍や論文などの資料や実際に経験することでしか得ることができません。ビジネスは機械学習モデルを中心として動いてるわけではありません。当たり前のように聞こえますが、機械学習プロジェクトに参加する者にとっては陥りがちな罠なので注意しましょう。

本節では機械学習プロジェクトの全体像をCRISP-DMをもとに紹介しました。次節から、評価、および評価指標について解説していきます。

1.4　評価指標とは

本書では、評価指標を学習済みの機械学習モデルの良し悪しを測るための"ものさし"として定義しました。ビジネス的な観点からの評価を一旦忘れてシンプルに考えれば、"ものさし"を設定して、前節で紹介したCRISP-DMにおける評価ステップを行うことです。複数の機械学習モデルを評価指標というものさしで測って比較することが評価の本質です。本節では、評価指標とは何なのかあらためて説明し、どんな役割を持つのかを解説していきます。

▍1.4.1　何と比較して評価するのか

ものさしで測って比較するという行為は、何も特別なものではなく、日常的に行われています。自分で意識せずとも、たくさんの評価指標（ものさし）が存在しているのです。ここでいくつか例を見ていきましょう。例えばみなさんの友人が「『ONE PIECE FILM RED』を観た！ とても面白かった！」と言ってきた場合、面白さを評価軸として、対象となる何かと比較して面白かったという主張をしていたと考えることができます。

- **自分が事前に期待していた面白さ**よりもとても面白かった！

- **ONE PIECE FILM GOLD**よりもとても面白かった！
- **最近見た他の映画**よりもとても面白かった！

　太字で表記したものが比較対象です。一般に、コミュニケーション能力に長けている人は、コンテキスト（文脈）、あるいは積み重ねてきた人間関係から、会話では省略されがちな**比較対象**が何なのかを推測する能力に優れていると考えます。あるいは、共通するコンテキストから導かれる常識を広い範囲で共有していると考えることもできるでしょう。筆者はこれが苦手なので、こういった会話の際に「で、何に比べて面白かったの？」と聞いてしまい、嫌な顔をされた経験が何度もあります[*9]。

　重要なのは、"何に比べて"比較を行っているのかを明示することです（図1.4）。なぜ重要なのかというと、もし比較対象を明示しない場合、同じものさしで測った量（例えばおもしろ度合い）でも、結論がまるっきり違ってしまうからです。上に挙げた例以外にも、「スカイツリーは高"い"」や「今日は暑"い"」などのたくさんの評価を日常生活を通じ、意識的にしろ無意識的にしろ行っています。省略せず正しく言うならば、「スカイツリーは（東京近郊の建物に比べて）高い」や「東京は今日は（昨日に比べて／昨年の夏に比べて）暑い」と比較対象を明確にする必要があります。比較対象をちょっと変えてみるだけで「スカイツリーは富士山より高い」や「今日の東京はサハラ砂漠より暑い」などそもそもナンセンスな文であることがわかるでしょう。（評価指標に用いる）形容詞は何かと比べて初めて意味を持つくらいの認識を強く持つことが必要です。

　この感覚を養うためには、筆者のように、常日頃から「何に比べて？」と自問自答するとよいでしょう。世界の見方がきっと広がるはずです[*10]。

　評価指標は、大まかに言うのであれば、日本語の形容詞（言い切りの形が"〜い"となる言葉）、"面白い"、"大きい"、"速い"、"高い"、"良い"などをものさしとして定義できます。"富士山"という単語を聞けば、"高い"というものさしをなんとなく持ち出すと思いますが、何もそれは決められ

[*9] 筆者は大学生の頃に「Xの値はとっても大きいです！」と主張した際に、指導教官から「で、何に比べて大きいの？」と何度も突っ込まれて修行した成果が如実に現れていると考えています。

[*10] そしてちょっと周りから"面倒な奴だな"と思われるようになるはずです。

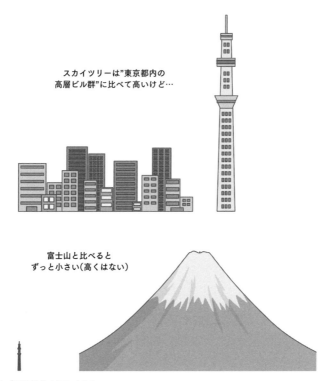

スカイツリーは"東京都内の
高層ビル群"に比べて高いけど…

富士山と比べると
ずっと小さい(高くはない)

■ **図1.4**／比較対象を何にするか

たものさしではなく、例えば"初夢に出てきたときの縁起良さ"というものさしで測ることもまた自由なのです。

　もう1つ簡単な例を挙げましょう。本書の読者の中で会社に勤務している方もいるでしょう。いわゆるサラリーマンとして働いていると、半年や1年、多い会社では四半期ごとに業績査定・評価会議が行われています。評価会議の一例として、売上成績というものさしが定義され、比較対象に基づいて、以下のような評価が行われているとしましょう。

- **会社が定義した評価基準(年間売上○○円以上を達成している)**に比べて売上成績が良い
- **同部署の他の同僚**に比べて売上成績が良い

　前者は絶対評価、後者は相対評価と言われている評価法です。どちらも売上成績というものさしを定義して、それを太字で表記した比較対象と比較しているという意味では同じです。しかし、絶対評価とは名ばかりで、会社が決めた評価基準との"相対的な"比較でしかありません。絶対評価・相対評価ともに、基準となる比較対象が異なるだけなのです。

　ここまで2つの例を挙げて、評価指標における比較対象の重要性と絶対評価・相対評価について解説しました。ビジネスにおける評価では、比較対象の認識に間違いがないように、評価指標を用いる際はその都度確認することをおすすめします。まれに良い・悪いという評価の見方がズレることもありますので注意してください。つまり、自己満足的に良いモデルを作成できたとしても、担当しているプロジェクトやサービスが満たすべき要件に比べて良い評価でなければ、ビジネス成果につながったとは言えません。

　評価指標を用いることで、ビジネスにおいて機械学習モデルに求められる要件にどれくらい当てはまっているのかを確かめることができます。要件とは、例えば、検知率を評価指標に設定し、○○％という閾値が与えられていたときに、「検知率○○％以上でスパムメールを判定せよ！」といったものです。閾値という基準があれば、機械学習モデルを相対的に評価できます。

　さて、さっそく比較対象の復習です。ここでみなさんが上司や顧客に「このモデルのスパムメールの検知率は高いね！　よく検知できていていいね！」と言われた場合、"○○％という基準に比べて検知率が高かった"あるいは"上司の心の中にある基準に比べて検知率が高かった"の2つをすぐに想定できるでしょうか。後者の場合は、担当しているプロジェクトが本当にこのままでいいのか、ご自身でいまいちど確認しておく必要があります。上司の心の中にある基準に比べて検知率が高いことは、サラリーマンとして社内の評価を得るために重要かもしれませんが、実際のデータ分析を依頼してきた顧客やサービスのユーザ、あるいはシステムが求めている水準とは違う可能性があります。読者のみなさんがデータサイエンスを生業としているのであれば、前者の視点を強く意識することが重要です。

　本書では、機械学習モデルの評価を**評価したい機械学習モデルを、評価**

指標というものさしで測り、ある基準となる値と"比較"し、その優劣を判断することと定義します。"ある基準となる値"は、他の機械学習モデルが出力する評価指標の値や、さきほど例示した要件となる閾値（○○％）などです。仮にデータサイエンスのプロジェクトの成否を"良い機械学習モデルを作ること"と設定するのならば、○○％のように与えられた比較対象となる基準を注意深く設定する必要があります。現実的ではない数値を設定してしまうと、どんなに素晴らしい機械学習モデルを作ろうとも、そのプロジェクトの失敗が運命づけられてしまいます。

▍1.4.2　学術的／ビジネス的な観点における評価指標

　より良い機械学習モデルを作るために、やみくもに評価指標の改善を目指すのは賢明な方法とは言えません。前項で解説した"何と比較するのか"に加えて、そもそも評価指標が学術的およびビジネス的な観点から見て、どんな意味を持つのかについて考察します。

　学術的な観点における評価指標の役割は、論文で提案された機械学習モデルがより優れたモデルであることを示すために、他のモデルとの性能差を比較することです。"既存のXという機械学習モデルに比べて、本研究・論文において提案している機械学習モデルYは、評価指標Zにおいて優れている"と主張するために用いるということです。したがって、ここでは"自分たちの機械学習モデルYが、既存の機械学習モデルXに比べて良い"ということを主張できる評価指標Zが"良さ"のものさしです。

　近年は産学連携や国立大学の独立行政法人化などの影響が強く、一部の大学では利益をあげるような任務を担わされつつありますが、学術的な観点での評価指標の役割は、基本的にモデルの正当性の評価が目的であり、ビジネス適用を強く意識している学術誌やカンファレンスでない限り基本的にはビジネスと無関係です。したがって、自分が研究・提案している機械学習モデルやその学習手法などのセールスポイントを適切に表現するのが学術的な観点における評価指標です。例えば、本章以降で紹介するような分類精度の高さや、解釈可能性の良さなどをものさしに用いて評価することとなります。比較対象は、その機械学習モデルを適用したい分野にお

ける典型的な手法や、最高精度を出す最先端の機械学習モデルなどです。

　ビジネス的な観点における機械学習モデルの良さを考える前に、そもそもビジネスの最終的な目標とは何なのかを考えてみましょう。企業の究極のゴールとは何でしょうか？

　さまざまなゴールが考えられますが、企業が将来にわたり存続し事業を継続していくという前提（ゴーイングコンサーン；Going Concern）に立ったうえで、ここでは株式会社に代表される企業の究極のゴールを"利益を出し続けること（お金を儲け続けること）"とします。形式ばった表現を使うと"定款に掲げる事業による営利の追求"となります[cao21]。このゴールのみを意識するならば、極端な話、すべての企業活動はこの営利の追求というゴールを達成するための手段です。データを活用することも、機械学習モデルを作ることも、製造業であれば効率的に工業製品を作ることも、マーケティングであればマーケットシェアを上げたり、ブランド価値を高めたりすることも、このゴールに向けた手段の一部にすぎません。近年ではSDGs（Sustainable Development Goals；持続可能な開発目標）の重要性も叫ばれていますが、悲しいことに我々の生きる資本主義社会においては1987年公開のアメリカ映画「ウォール街」の名言「Greed is Good（強欲は善だ）」よろしく、特に上場企業においては利益を出し続けるという目標が正しいと判断されます。利益のために会社があるのではなく、社会的な役割を果たすために会社があると考えるのもよいでしょう。

　例えば非営利活動を企図した法人としてはNPO（Non-profit Organization）があり、NPOでは事業で得た収益をさまざまな社会貢献活動に充てることになります。これも1つの社会的な役割です。また、SDGs（Sustainable Development Goals；持続可能な開発目標）が重視される時代では、サンフランシスコ発のライフスタイルブランド"オールバーズ（Allbirds）"を展開するオールバーズを筆頭にサステナブルであることを目標とする企業も誕生し、株式市場に上場しています。このような企業はパブリック・ベネフィット・コーポレーションと呼ばれる米国の企業形態の1つをとっており、経済的な利益活動だけでなく、社会や環境など公共の利益を生み出すことが期待されています。しかし、このような先駆的な試みを試そうという企業であれ、利益が出なければ企業はその社会的な

役割としてのビジネスを継続できません。利益を継続して出し続けることが、社会の役に立つために企業が存続し続けるための条件となっており、どのような企業であれ利益には関心を持たざるを得ないのです[Drucker01]。

このように、企業の目的を、利益を追求し出し続けることと定義するならば、会社ごとに異なるビジネスに応じた目標の達成度合いを、それを計るための定量的な指標である KPI として分解した上で、その KPI と整合性がとれる評価指標を決める必要があるということになります。学術的な観点では、評価指標自体が機械学習モデルの良さを表す指標だったのですが、ビジネス的な観点を考慮すると、それだけでは足りないのです。どれだけ評価指標において良い精度の高いモデルを作ったとしても、企業ごとに異なる利益追求の KPI と整合的でなければ、少なくともそのビジネスにおいて機械学習モデルは価値を発揮していないと判断されます。

筆者らは時折、機械学習モデルの構築に関して、以下のような質問をしばしば受けることがあります。

「予測モデルを構築しているのだが、評価指標としては何を使えば良いだろうか？」

その答えとしては身も蓋もありませんが、以下のように返しています。

「御社の扱っているビジネスに依存するので今"ここでこれが良い！"と断言することはできないので、詳しくビジネスの構造を教えてほしい」

絶対的な基準としての正しい評価指標は存在せず、その良し悪しはビジネスの構造に依存します。後述するように、評価指標とビジネス上の KPI、そして目的関数が一致している状態が理想です。しかし、この状態は相当運が良いか、あるいははじめからビジネスを設計しない限りそのようにはなりません。

では、評価指標と KPI はどのような関係にあるのでしょうか？　また、機械学習モデルを構築する際に最適化される目的関数と KPI、評価指標に

はどのような関係があるのでしょうか？ 次節以降でこれらの疑問への回答を詳しく述べていきます。

　機械学習における評価指標とKPIと目的関数の関係を一言で言うと、次のように整理できます。

各機械学習モデルの目的関数を最適化し、評価指標において最も優れた機械学習モデルを選択し、実際にその機械学習モデルを運用し、KPIで成果を確認する

　次項以降でその関係性を細かく説明しましょう（図1.5）。

■ **図 1.5**／評価指標とKPIと目的関数の関係

▋ 1.5.1 評価指標と目的関数の関係

　ここまで解説してきた評価指標と、「1.2 機械学習と最適化計算」で紹介した目的関数のいずれも、何かしらを対象にして、より良い状態を求めるために最大・最小化したい量という意味では同じです。目的関数を"作成している機械学習モデルの出力が、データをどれだけ正確に表現できるか"という機械学習モデルのある側面での"良さ"のものさしであると考えることもできますが、これらは一体何が違ってどういう関係にあるのでしょ

うか？ 誤解を恐れずに端的に説明すると*11、表1.2のような違いがありま
す。

▼ **表 1.2**／目的関数と評価指標の比較

	機械学習モデルにおける用途	いつ使用するか	微分可能かどうか
目的関数	学習	学習中	最適化計算のため微分可能
評価指標	評価	学習後	微分可能とは限らない

　目的関数は、機械学習モデルのパラメータがその最大・最小化計算を通
じて進むべき方向を示すもの（コラム「目的関数は機械学習モデルのダイ
ナミクスを決めるもの」参照）です。一方、学習されたモデルの性能を人
間が解釈可能な指標として自分たちが達成したい目標との近さを測るため
に評価指標が存在するのです。

　上述では、目的関数は機械学習モデルのパラメータで微分可能であり、
評価指標は微分可能性にこだわる必要はないと、端的に説明しました。つ
まり、評価指標が微分可能である関数の場合には、損失関数と評価指標の
双方に使用できます。一例としては、2章で紹介する平均二乗誤差（MSE；
Mean Squared Error）が挙げられます。ビジネス、およびそのKPIが機
械学習のパラメータで微分できるほど十分に滑らかな関数であれば、評価
指標の出番はありません。

　目的関数は機械学習モデルによって異なるため、パラメータの値のみが
異なる機械学習モデル、例えば線形なモデルとして、$f_1(x) = 3x + 2$ と
$f_2(x) = 10x + 7$ という意味で異なるモデルではなく、"そもそもの機械学
習モデルが異なる"モデル間でその値を直接的に比較することが無意味と
なる場合があります。例えば二値分類問題のモデルをサポートベクターマ
シンというモデルで解くか、ロジスティック回帰というモデルで解くかに
よって、選択される目的関数は異なります。前者は通常、ソフトマージン
を仮定すればヒンジ損失関数と正則化項を合わせたものが目的関数として
使われ、後者はロジスティック損失が目的関数として使われます。この異

---

*11　微分可能性は決定木などでは明らかに成り立たない性質ですが"あくまで誤解を恐れず端的
　　に"という寛容な心で見てください。

なる目的関数の値自体を比較することは無意味であり、その値を見てモデルの優劣を判断することはできません。

目的関数と評価指標を混同してしまうのは「どちらも何かを最大／最小化しているだけだし何が違うんだ？」という疑問があるからでしょう。評価指標は学習のプロセスとは独立に存在する概念で、ビジネスの観点では達成したい目的（KPIやビジネスニーズから規定される精度など）にできるだけ沿わせて構築していくべき量です。したがって、「評価指標として何を採用すべきか？」という疑問については、目的に応じて変わるという回答ができます。

目的関数は機械学習モデル、あるいは解きたいデータサイエンスの問題に応じて設計され、学習の過程でただ最小化されるだけの関数ですが、評価指標はもっと自由です。「はじめに」でもふれましたが、評価指標は極端に言うと"最終的に出力される機械学習モデルのBinaryサイズ（PCのSSD上で何MBを占めるのか？）"や、"特徴量を入力してから予測値を返すまでの時間"、あるいは"機械学習モデルの公平性"、あるいはどう測るかは別で議論するとして"モデルが人間に反抗的となる度合い"すらも定義することは可能です。

これが筆者の知る限りにおける目的関数と評価指標の違いに関する現状のコンセンサスだと考えます。

▌1.5.2　評価指標とKPIの関係

ビジネス的な観点を考慮し、注意深く評価指標を設計しない限り、そもそもKPIと評価指標は相関することすらありません。評価指標は機械学習モデルの良さを測るためにデータサイエンティストが好んで使う指標である一方、KPIは機械学習プロジェクトの責任者がビジネス上の目標の達成度合いを計るために用いる指標なので、これら2つの違いは自明のように思えます。ところが、意識していないと罠にハマることがあります。この罠に陥ると、会社での機械学習モデルの開発が会社の資本を浪費するだけの虚無な行為となってしまいます。

新しく機械学習プロジェクトを始めるときには、ビジネス上のKPIを

強く意識し、使おうとしている (機械学習モデルの) 評価指標とビジネス上の KPI ができるだけ強い相関を持つように、解くべきデータサイエンスの問題を設計する必要があります。「なぜ KPI を意識して、評価指標を設計する必要があるのか?」という疑問については、ここまで読んでいればご理解いただけると思います。繰り返しになりますが、どんなに機械学習モデルの評価指標で測る精度を向上したとしても、それがビジネスに適していなければ意味がありません。「あ、あれ? 機械学習モデルの精度はとても良いけど、KPI はまるで変化しないぞ?」と期待と異なる結果となってしまいます。

　本書の冒頭「ビジネスとデータサイエンスを架けるもの」でも紹介しましたが、このような課題はここ数年で持ち上がったわけではなく、10 年ほど前から機械学習コミュニティで問題視されているものです。Wagstaff の論文 [Wagstaff12] においては、"機械学習のための機械学習" に対して痛烈な批判が行われています。現実の問題解決と切り離されたオフラインテストによるアルゴリズムの改善のトレンドは、当該論文で言及している 2011 年の時点で 20 年以上は続いており、そこからさらに 10 年以上経ったいま (2023 年執筆時) でも完全になくなったとは言い難い状況です。**オフラインテスト**とは機械学習モデルを作成する際、本番環境へ展開する前に、構築した機械学習モデルが期待されるパフォーマンスを満たしているかどうかを確認するために行われるテストのことです。当該論文においてはこの状況を改善するための提案として、評価指標に加えて「例えば何万ドル節約したとか、何人助けることができるとか、何時間節約できたとかの指標を持ち出すべきだ」と主張しています。ここで主張されている指標こそ、本書における KPI に該当します。KPI を設定することで、どのようなデータを使用してどう実験すべきか、どういう機械学習モデル・評価指標を用いるべきかの指針を与えてくれるということです。したがって、機械学習モデルの評価指標を先に決めてしまうのではなく、達成したい目的の達成度合いを表す指標としてまず KPI を定義し、それに沿うように評価指標を決めることが肝要です。**沿うように決める**とは評価指標が改善した場合には KPI も改善するように評価指標を設計するという意味です。統計学の用語を使うと、機械学習モデルを適用した際の結果として得られ

る KPI と評価指標の相関が高くなるように評価指標を設計する、とも言えます。相関の最もシンプルな例としては、ピアソンの相関係数を連想されるかと思いますが、ここでは KPI と評価指標の値自体の相関というよりも、その**順序構造**さえ担保できればよいので順位相関を考えれば十分です。なぜなら、評価指標の値が最も良い機械学習モデルを選択した場合に、KPI が最も高くなるような機械学習モデルが選択できれば十分だからです。評価指標で1位をとった機械学習モデルが KPI という視点で評価しても1位になる、評価指標で5位をとった機械学習モデルは KPI でも5位になる、このように順序の関係が担保できればよいのです[*12]。

　「評価指標を使って機械学習モデルを評価するなんて遠回りなことをせず、KPI をそのまま評価指標として採用すればよいのでは？」と考える読者もいるかもしれません。KPI を広く知られている評価指標を用いて書き下すことができるビジネスにおいては可能ですが、その方針は一般には難しいと言わざるを得ません。本書でもいくつかの"KPI を広く知られている評価指標を用いて書き下すことができるビジネス"、すなわち KPI が"陽"に評価指標へと依存する問題を取り扱いますが、KPI に対して"陰"に依存している場合、つまり陽に書き下せない場合については難しい問題です。KPI が評価指標、あるいは機械学習モデルの予測値・パラメータとどういう関係にあるのかを把握し、個別に検証するしかないでしょう。

　企業において、機械学習に関する研究開発の一環としてトライアンドエラーを行っている段階だとしても、最終的にはビジネスに応用させようと考えているプロジェクトは多いはずです。データサイエンティストとしては、KPI と評価指標、あるいはデータサイエンス自体がビジネスとどう関連するかについて想いを馳せ、あらかじめビジネス応用を意識しておく姿勢が求められます。

　「データサイエンティストの職責として、AUC（3章で解説します）0.9 に

[*12] 評価指標の値と KPI の値の相関構造を求めること自体は"異なる評価指標値を持つ複数の機械学習モデルをランダム化比較試験の形式で実際に運用し、そのときの KPI を測定する"という実験を行わない限りほぼ不可能と言ってよいでしょう。似たような話題として「長期的なサービスへの影響を短中期の指標といったサロゲート（代理）指標から算出する」という研究 [Wang22] が存在するので興味ある読者は調べてみるとよいでしょう。

到達できたので、それを活用してKPIを達成する職責はビジネス責任者
にまかせたい」

　このような主張も分業で成り立っている会社（と社会のしくみ）として
はありえるかもしれませんが、それではデータサイエンティストの"高給
たる所以"（コラム参照）が揺らいでしまうでしょう。高給な職種、かつ有
名で大変セクシーなデータサイエンティスト職ですが、"最終的なKPIを
達成する"意識のないデータサイエンティストが増えれば、ゆくゆくは当
該職種の衰退という由々しき事態につながると筆者らは考えます。

Column

21世紀で最もセクシーな職業

　10年以上も前の話ですが、Harvard Business Review の 2012年10月
号 [Davenport12] において、データサイエンティストは21世紀で最もセ
クシーな職業であると表現されました[*13]。この最もセクシーな職業は一般
に他の職種と比べて給与が高いと言われているのですが、これがなぜなの
か考えてみます。筆者が仮説として考えている因子は、以下の3つです。

①：データ活用へのニーズが時代とともに高まっているためデータサイ
エンティストを欲する企業（需要）が増えてきており需要過多と
なっている

②：そもそもデータサイエンティストに必要とされているスキル（ビジ
ネス力・データサイエンス力・データエンジニアリング力）[*14]を持
つ人間は稀であり、その供給（データサイエンティスト数）が過小

[*13]　同じく Harvard Business Review の 2022年7月号に、同著者らによる「この10年でデータサ
イエンティストへの期待がどう変わったのか？」についての記事「Is Data Scientist Still the
Sexiest Job of the 21st Century?」があるので興味ある読者は見てみるとよいでしょう。

[*14]　データサイエンティスト協会「データサイエンティスト協会、データサイエンティストのミッ
ション、スキルセット、定義、スキルレベルを発表」2014.12.10. https://prtimes.jp/a/?c=7312
&r=5&f=d7312-20141210-6604.pdf

　　　　であり、その存在の希少性ゆえに給与が高騰している
　③：データサイエンティストがビジネスに対して直接的に貢献できるこ
　　　とがわかり、高給で雇っても費用対効果が十分に高く、給与水準が
　　　高騰している

　データを用いた実証分析は社会学者にまかせるとして、筆者の原体験か
ら考えると、②・③の影響[15]が大きいと考えています。②については「ダ
イアモンドがなぜ生きるために必須な水より高いのか？」と同じ理由か
ら、その希少性が価値を生むと考えることができます。実際、ビジネス・
エンジニアリング・データサイエンスのすべての知識を兼ね備えた人材は
伝説の一角獣ユニコーンよろしく、絶滅危惧種レベルで存在しないと言え
ます。また、③についてですが、これは"日本を含む世界中でソフトウェ
アエンジニアの給料が高騰している"状況とほぼ同じです。日本において
は、2010年前後にソーシャルゲームやインターネット広告業界に多数の
ソフトウェアエンジニアが高給でヘッドハントされ、ソフトウェアエンジ
ニアの給与相場の上昇を牽引していました。当時は給与に加え、入社支
度・準備金として200万円を用意するという話も聞き、「大変景気が良い
なぁ」と感じたのを覚えています。なぜこのようなことが起こったのかと
いうと"それらのビジネスが儲かっていた点に加え、ソフトウェアエンジ
ニアが開発するものが直接的に売上・価値を生んだから"だと筆者は考え
ます。大量のトラフィックを安定的に捌いたり、ユーザに適した広告を低
遅延に返す技術が直接的に売上やユーザ価値を生み出すことができ、その
技術がビジネスの成長を支えていたのです。データサイエンティストが高
給たる所以は、これによく似た状況があると筆者は考えます。例えば、イ
ンターネット広告での広告のクリック率予測やECサイトでの商品推薦
は、直接的に売上に貢献できるデータサイエンティストの使う"飛び道具"
です。このような飛び道具を用いて価値を発揮できる産業から順に、機械
学習の活用がはじまったと言っても過言ではありません。このようにデー
タサイエンスを活用できる企業が、大雑把には"データサイエンティスト

＊ 15　因子①に比べてです。常に"ものさし"を意識してください。

1名を雇った場合の給与や社会保険料などの合算値であるコスト"と"デー
タサイエンティスト1名が生み出す利益"が等しくなるまで、できるだけ
有能なデータサイエンティストを高給で採用していくため、市場全体とし
ても高給であると筆者は考えます。生業としてデータ分析をするのであれ
ば、常にビジネスに貢献し価値を発揮できるデータサイエンティストであ
りたいものです。

▎1.5.3　評価指標とKPIのズレ

　知識発見とデータマイニングに関する国際会議であるKDDで2019年に
発表された"150 successful machine learning models: 6 lessons learned at
booking.com."（「150の成功した機械学習モデル：Booking.comでの6つの
学び」筆者訳）という論文［Bernardi19］では"評価指標とKPIは異なる"と
論じています。大変示唆に富んでいる内容なので、ここで論文の一部を引
用して詳しく紹介します。

3 MODELING: OFFLINE MODEL PERFORMANCE IS JUST A
HEALTH CHECK
（中略）
In Booking.com we are very much concerned with the value a model
brings to our customers and our business.
Such value is estimated through Randomized Controlled Trials
(RCTs) and specific business metrics like conversion, customer
service tickets or cancellations.
A very interesting finding is that increasing the performance
of a model, does not necessarily translates to a gain in value.

3 モデリング：オフラインテストで測られるパフォーマンスはただの
ヘルスチェックのようなものだ
（中略）
Booking.comでは，モデルがユーザとビジネスにもたらす"価値"に

強い関心を抱いている。

*これらの"価値"はランダム化比較試験[*16]や、コンバージョン（予約が完了した数など）、カスタマーサポートチケット[*17]、キャンセル数などの特定のビジネス指標を通じて推定される。*

非常に興味深い発見は、機械学習モデルのパフォーマンスを向上させることが、必ずしもこれら"価値"の向上につながるとは限らないということだ（" "、太字による強調は筆者による）。

ここで言う"価値"を推定するために使っているのがKPIです。

「機械学習モデルのパフォーマンスを向上させることが、必ずしもこれら"価値"の向上につながるとは限らない」という主張を端的に示した図が論文に掲載されています（図1.6）。

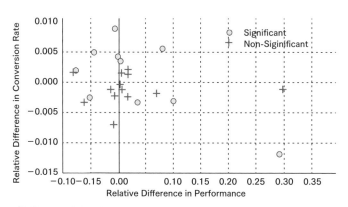

■ **図1.6**／"150 successful machine learning models: 6 lessons learned at booking. com." のFigure4 より引用

図の横軸は"手元にあるデータに基づいて算出した新規に展開しようとしているモデルと現在使用しているモデルの**評価指標の差**"です。もう少し噛み砕くと"新しいモデルを展開すると、現在使用しているモデルに比

---

* 16 ランダム化比較試験（RCT；Randomized Controlled Trial）。厳密には異なりますが、ここではA/Bテストと考えればよいでしょう。

* 17 ユーザからの問合せに対して起票されるチケットだと推測されます。

べて評価指標がどのくらい向上するか"を表したものです。ここでの評価指標は、分類と検索で使用されるROC AUC（Receiver Operating Characteristic Area Under the Curve）とMRR（Mean Reciprocal Rank）です。縦軸は"新規に展開しようとしている機械学習モデルと現在使用している機械学習モデルの両方に対してランダム化比較試験を行い、その結果として観測されたビジネス上の**KPIの差**"です。原論文ではコンバージョン率がKPIとなっています。論文中では明示的に定義されていませんが、コンバージョン率（CVR；ConVersion Rate）は一般に次のように計算します。

$$\text{CVR} = \frac{KPIとして評価したいアクションの数（予約完了数など）}{基準となる量（ある特定のページをクリックした数など）}$$

"評価指標とKPIが正の相関を持っている"という理想的な状況を我々は暗に期待しているのですが、図からも明らかなように強い正の相関があるとは言いにくく、論文によるとわずかに負の相関すら観察されていると報告されています。

評価指標そのものがKPIの場合、データにバイアスがなく、かつデータの分布が時間に依存しないと仮定できるのであれば、当然強い相関関係を期待できます。しかし、原論文のようにその仮定が成立していなければ、このようなズレが起こりえるのです。当該論文においては、このズレの要因は以下の4つにあると推察しています。

- パフォーマンスの飽和
- セグメントの飽和
- 不気味の谷効果
- 代理目的変数の過剰最適化

本書の内容に合わせてそれぞれ説明します。

パフォーマンスの飽和

　機械学習モデルのパフォーマンスの向上（評価指標上の改善度合い）から価値を無限に引き出すことがそもそもできないという要因です。モデルを改善して機械学習のパフォーマンスが上がっていったとしても、ある時点でビジネス上のKPIの改善につながらなくなります。

　例えば"ユーザにある商品を推薦するモデルを構築し、その評価指標の値を70％から80％に向上させることで売上（ビジネス上のKPI）が15％向上したが、精度を80％から90％に向上させても売上が5％しか向上しなくなった"という状況が該当します。なぜこのようなことが起きるのか、ビジネスに応じてさまざまな原因が考えられますが、上述の例では、以下のような原因が考えられます[*18]。

- ランキングの下の方まで、そもそもユーザが見ていなかった
- ランキングの上位でさえあれば、ユーザが感じる購買意欲はほとんど同じであり、結局ユーザの購買金額は変わらず、期待したビジネス上のKPI向上にはつながらなかった

　これは経済学分野で知られている**収穫逓減の法則**と呼ばれる概念です。完璧なものを作り上げようとすると、途中から完成度を高めるためにコストが増大するのに加え、仮にこの増加するコストを度外視して精度を向上させたとしてもビジネス上のKPIはたいして変化しない、という二重苦に陥るのです。より単純に、精度と売上の関係が線形ではなかったと考えてもよいでしょう。推薦やランキングに関連した諸問題については、参考書籍［齋藤21］の一読をおすすめします。

セグメントの飽和

　Booking.comでは、新しいモデルをテストする場合、変更にさらされたユーザ、つまり現在運用しているモデルと新しいモデルの出力結果が異なるユーザのみを対象にしています。機械学習モデルの改善が進むにつれ

---

*18　この原因には、評価指標を正しく選択していないという問題も含んでいます。

て、現在の機械学習モデルと新しい機械学習モデル間の予測不一致率はどんどん低下していきます。そのため、実際に変更にさらされ、サンプルとなるユーザ数が減り、それによって統計学的な意味での検出力（Power）[19]が低下してしまう状況になり得ます。結果として、新しいモデルによる改善結果を正しく改善結果として見抜けなくなるということであり、統計学で言う第二種の過誤が多くなるということです。

不気味の谷効果

　機械学習モデルの精度が良くなればなるほど、ユーザの行動について予測できるようになります。これは一見、KPIに良い影響を及ぼしそうに見えるのですが、一部の顧客は「なぜ私の行動を完璧に先読みできるのだ？」と不気味に感じてサービスから離脱し、最終的なビジネス上のKPIを悪化させる可能性があり得ます。近年の技術の進化にともない、みなさんもサービスの利用時に不気味だなと感じた経験があるのではないでしょうか？

代理目的変数の過剰最適化

　教師ありの機械学習モデルを学習させる際には、通常はデータを用いてある目的関数を最小化しますが、この目的関数は必ずしもビジネスに関連したKPIと同じではありません。たとえば、クリック率[20]に基づいて推薦システムを作ろうとしている状況を考えましょう。クリック率が高いアイテムほどユーザが興味を示すであろうと仮定し、推定クリック率の高いアイテムを提示するという推薦システムです。

　なぜクリック率に基づいて推薦システムを構築するのかというと、クリック率が最終的な関心事であるKPIのコンバージョン（ここではアイテムの購入とします）率と強い相関関係にあることを仮定しているからです。つまり、クリック率が高いアイテムほど最終的に購入される確率が高いという正の相関関係がデータから読み取れたため、そのアイテムを結果

＊19　検出力とは統計的仮説検定において、帰無仮説が偽であるときに誤らずに正しく帰無仮説を棄却する確率のことです。

＊20　CTR；Click Through Rate. "クリックした数÷画面に表示された数"で定義される量。

として推薦していると説明できます。

なお、ビジネスにおいては、一旦クリックしてから購入するまでの時間よりも、画面に表示・推薦されてからクリックするまでの時間の方が短い傾向にあり、データが蓄積しやすい・扱いやすいという観点から、クリックを購入の代理変数とすることがしばしばあります。

しかし、モデルの精度がどんどん良くなるにつれて、モデルは"購入数を改善するのではなく、クリック数を増加させることのみ"を達成するようになります。なぜなら、我々が機械学習モデルに解かせようとしている問題が「購入率が高くなるように推薦システムを構築せよ！」ではなく「クリック率が高くなるように推薦システムを構築せよ！」だからです。我々が期待している"クリック率という購入率と強い相関関係がある代理変数を用いれば、自ずと購入率自体も最適化されるだろう"という裏の意味を読み取ってはくれません。機械学習モデルは与えられたデータと設定された問題をただ解く、それだけのものです。

このような状況をイメージするには、宿泊予約サイトでユーザが見ているホテルとよく類似したホテルを推薦することを学習させられた機械学習モデルを考えるとわかりやすいでしょう。この機械学習モデルは類似したホテルを比較したくなるというユーザの心理・行動を学習したと推察されます。"推薦され画面に表示されたホテルを予約する・しないにかかわらず、とりあえずクリックしたくなる"経験は、みなさんもあるのではないでしょうか[21]。この機械学習モデルは「似たようなホテルを比較したい！」というユーザのモチベーションを学習し、各ホテルの予約ページへの遷移を促しはしますが、結果としてユーザは多すぎる似たようなホテルを比較しなければならず、人はあまりにも多くの選択肢を前にすると、選択することが非常に難しくなってしまうという選択のパラドクス（The Paradox of Choice）へと誘われ、最終的な評価指標であるホテルの予約（コンバージョン）率を悪化させてしまうことがあるのです[22]。

---

* 21　貧乏性な筆者は、しばしば"似たような立地・グレードで1円でも安いホテルを探す"という行動をとってしまいます。
* 22　選択のパラドクスについて興味のある読者は、参考文献 [Schwartz04]、または 2005 年の TED の動画などを参照するとよいでしょう。https://www.ted.com/talks/barry_schwartz_the_paradox_of_choice/transcript?language=ja

　このように、本当に最大化させたい指標（ここではコンバージョン率）ではない代理変数（ここではクリック率）を用いて過度に最適化を行ってしまうと、本当の目標から遠のいてしまいます。このような状況は、経済・政治の世界でコブラ効果と呼ばれ広く知られています。機械学習モデルに対するインセンティブ設計を誤ってしまったと解釈してもよいでしょう。

　Bernardi らは、このズレの原因になり得るものそれぞれに対して、個別に対処することの困難さを認めながらも、"仮説を立てその仮説を検証するためのMVP（Minimum Viable Product；実用最小限の製品）となるモデルを構築し、その検証結果を次の仮説検証サイクルのために用いる"というアプローチ［Bernardi19］をとっています。さらに、オフラインテストで測定される評価指標は、アルゴリズムが所望の目的関数を最適化し、評価指標が妥当な水準を満たしているかを確認するためのヘルスチェックにすぎないと断言しています。

　同様の報告は、Netflix の推薦システムに関する論文［Uribe15］にも記載があります。

> （中略）*Thus, while we do rely on offline experiments heavily, for lack of a better option, to decide when to A/B test a new algorithm and which new algorithms to test,*
> *we do not find them to be as highly predictive of A/B test outcomes as we would like.*

> （中略）*より良いやり方がないため、A/Bテストをするタイミングやどのアルゴリズムをテストすべきかを決めるために大いにオフラインテストを活用しているが、オフラインテストがA/Bテストの結果を期待するほど高い精度で予測できているという事実を我々は見つけることができなかった。*

　これはサンプリングに関するバイアスを含んでいる可能性がありますが、関連するトピックとして押さえおくとよいでしょう。

1.6 評価指標の決め方を間違えないために

　前節では、評価指標と目的関数やKPIの違いについて説明しました。これらの関係を理解できたとして、KPIと本質的に関係のない評価指標を選ばずに、上手に評価指標とKPIを設計するにはどうすればよいでしょうか。

　基本的な方針としては、**ビジネス施策の結果であるKPIと機械学習モデルの出力である予測値がどのような関係になるかを理解したうえで、KPIと相関するように評価指標を設計する**ことです。ここでは例題を通じてその考え方を紹介します。いずれも機械学習のビジネス実践において、しばしばハマってしまう罠です。

▌ 1.6.1　ECサイトの休眠ユーザに対するメール送信施策

　ECサイトを例に考えてみましょう。すでに一度はECサイトを使ってくれているものの、最終アクセス日からの経過日数がこのECサイトの平均的な使用間隔に比べて十分に長いユーザ群(休眠ユーザ群)に対し、再びECサイトを使うようになってくれるユーザを機械学習で同定する問題を考えましょう。この問題はプロジェクトの一部分であり、実際には後のプロセスとなるビジネス施策を含めて検討し、それを実行することで最終的なビジネス成果を生み出すこととなります。実際のビジネスの現場においては、ビジネス施策に合わせて解くべき機械学習の問題を変えることも多々あります。ここで一旦、ビジネス上のKPIは本プロジェクトを通じて向上させることができた利益としておきます。また、ここで実際の打ち手となるビジネス施策は"機械学習で対象となるユーザを同定した後、適当なテンプレートのメールを一斉に送信する"としておきます(図1.7)。

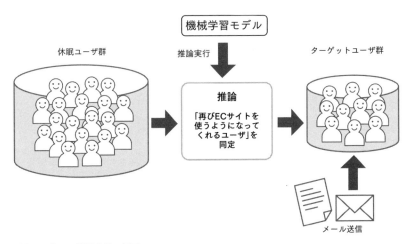

■ **図 1.7**／メール送信施策の概要

　ビジネス施策自体は言うまでもなく自由なので、これ以外にも現実的な
コストパフォーマンスを無視すれば次のようなものを考えてみてもよいで
しょう。

- 対象となるユーザに対してターゲティング広告を配信し、EC サイト
  再利用率を向上させる
- 対象となるユーザ群が多い地域にチラシを重点的にポスティング

　さて、機械学習の問題として見た場合、この問題は"メールを送るか送
らないか"の二値分類問題ですので、結果としては以下の 4 パターンが考
えられます。この解説で用いている混同行列（Confusion Matrix）の詳細
については、3 章を参照してください。

- True Positive（TP）："メールを送信後、思い出したかのように EC サイ
  トを使用し、売上に寄与してくれるユーザ"に対してメールを送った
- False Positive（FP）："メールを送信するも休眠から目覚めることの
  ないユーザ"に対してメールを送った
- True　Negative（TN）："メールを送ろうが送るまいが休眠顧客であり

　続けるユーザ"に対してメールを送らなかった

- False Negative（FN）："メールを送信していれば、再びECサイトを使ってくれたユーザ"に対してメールを送らなかった（機会損失、メールの打ち損じに相当）

　この機械学習モデルの出力に応じて実行されるビジネス施策（メール送信）の結果から生じる売上とコストは、以下のように書き下すことができます。ここで、TPやFPなどの文字はそれぞれに分類されるユーザ数を表します。

$$売上＝1ユーザあたりのメール送信による売上金額 \times TP$$

$$コスト＝メール1通の送信単位 \times (TP＋FP)＋その他固定費$$

　ここで$(TP＋FP)$は"実際にメールを送信した数"です。KPIである利益は"売上－コスト"で計算されるので、以下のように書けます。

$$利益＝1ユーザあたりのメール送信による売上金額 \times TP$$
$$－メール1通の送信単価 \times (TP＋FP)－その他固定費$$

　ここで、その他固定費には機械学習モデルの構築・保守運用コストなどが含まれます。

- 1ユーザあたりのメール送信による売上金額
- メール1通の送信単価
- その他固定費

　これらは会社によって異なる値となるため、これもざっくりと仮の数値を推定しておく必要があります。

　例えば、ここで「このご時世メール1通の送信単価なんてほぼ無視できて0円である、メール1通の送信単価は0円だ！」と仮定するなら、その他の固定費用しかコストは発生せず、その場合は以下のように書けます。

$$利益 ＝ 1 ユーザあたりのメール送信による売上金額 \times TP － その他固定費$$

　ビジネス的な観点から見ると、利益を最大化しようとするならば、TP を最大化しつつ、その他固定費用を限りなく0（機械学習モデルなんて作らない！）にするのが良い方針ということになります。評価指標としては、次章で説明する二値分類として標準的に使われる評価指標群ではなく、"TP の数"自体を評価指標として採用すれば、ビジネス的な成果である KPI は利益に直接的に結びついているため、良い評価指標となりそうです。すなわち、この場合、とりあえずすべてのユーザに対してメールを送るようにする、あえて機械学習の用語を使えば"メールを送信するかしないかの閾値を限りなく0にし、出力される予測確率を問わず確実にメールを送信する"ことが望ましいと言えます。この状況においては、TN と FN（機会損失）は0になり、一方で FP が莫大な数になります。

　本問題における FP とは、この EC サイトにはあまり興味がないユーザに対してメールを送信している状況に相当し、効果のない販売促進メールと言えます。EC サイトを使用するユーザは「またあのサイトから宣伝のメールが来たな」と感じるでしょう。

　なぜこのような状況になってしまったのでしょうか。ここで言う FP、興味関心のないユーザに対するメール送信を行っても何のペナルティも与えられません。EC サイトが利益を追求するのであれば、打ち損じである FN をなくそうと無秩序にメールを送信し続けることが、設定した KPI を達成するための最適なビジネス施策になってしまいます。みなさんのメールボックスが販売促進や Web サイトへの再流入を期待するメールで溢れかえっている状況を見ても、この結果は納得できるのではないでしょうか。「失うもの（コスト）は何もない。メール配信施策は打てば打つだけよい」が合理的な意思決定となるのです。そもそもすべてのユーザに対してメールを送信すればよいのであれば、機械学習をやるまでもない問題です。

　このような罠に陥らないようにするには、短期的な施策の利益よりも、

LTV（Life Time Value）*23 やサービスのブランド価値を考慮したビジネス
上のKPIを設定します。そうすることで、FPやFNの存在が適切なペナ
ルティにつながり、ビジネスへのネガティブな影響となります。以下に例
を挙げます。

- FPに該当するユーザから「あのECサイトはすごい大量にメールを
  送ってくるんだよ」という評判がインターネット・口コミで広がり、
  サービスのブランド価値を毀損する
- FPに該当するユーザがあまりにメール配信がしつこいので、サービ
  ス自体を退会してしまう（休眠顧客であっても、現時点から計算され
  るLTVは0とは限らない）
- FNに該当するユーザにあまりにもコンタクトをしなかったため、改
  善施策を通じて向上できたはずのLTVが高まらない

このようなKPIを設定することが理想ではありますが、実際にはLTV
やブランド価値の毀損額を推定する必要があり、データサイエンスの問題
としてのモデリングの難易度は格段に高くなります。

ここで紹介した問題は、機械学習分野では**コスト考慮型学習（Cost-
sensitive Learning）**と呼ばれる手法 [Elkan01] に分類されます。コスト考
慮型学習は2000年前後に活発に研究されていた手法であり、ビジネスの
実務的な応用を意識した日本語の解説は多くありません。本書では3章で
詳しく説明しますが、さらに詳しく知りたい方は、章末の参考資料
[base21] [mercari20] [sansan19] を参照するとよいでしょう。

さて、実際には"メール1通の送信単価"が0円とはならない場合をどう
考えればよいでしょうか？ それは、二値分類問題を解き"再びECサイト
を使うようになってくれるユーザ"として判定すべきか否かの**意思決定の
分水嶺**となる閾値 θ の関数として利益を表現し、利益が最大になるような
θ を見つけるという戦略をとるのがよいでしょう。すなわち、

---

* 23 顧客生涯価値。ある顧客から生涯にわたって得られる利益総額のことです。

$$利益(\theta) = 1ユーザあたりのメール送信による売上金額 \times TP(\theta)$$
$$- メール1通の送信単価 \times (TP(\theta) + FP(\theta)) - その他固定費$$

として利益(θ)をθの関数とみなし、縦軸を利益、横軸をθにとり、利益のθ依存性を可視化してみるということです（図1.8）。もっと数理的に解きたいという方は、θで利益(θ)を微分できるほど滑らかだと仮定したうえで微分[*24]してみるのも1つの手でしょう。

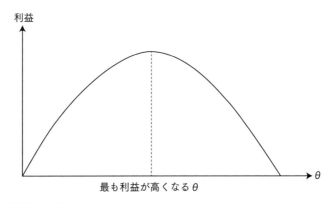

■ **図1.8**／利益を可視化

　これらの方法論については、本書では3章、また参考資料[Provost14]の「8章 モデル性能の可視化」を参照するとよいでしょう。

▌ 1.6.2　ECプラットフォームでのクーポンメール送付施策

　2つ目の例として、ECプラットフォームのユーザに対して"性別に応じてクーポンを送付すべきか否かを決めることで売上を最大化する"施策を行いたいとしましょう。先ほどの例と似ていますが、具体的な売上の数値にまで踏み込んでいく点が異なります。また、ここで扱う例は書籍「施策デザインのための機械学習入門」[齋藤21]を参考に作成しています。当該

---

*24　微分...できるほど滑らかだと仮定して！

書籍においては「このクーポンの送付施策を考えるうえでデータサイエンティストが本来解くべき問題は、予測ではなく意思決定の問題だった」とあり、ここで紹介する問題自体を予測問題としてではなく、意思決定の問題として考える必要があり、データサイエンスとしての問題の捉え方自体が間違っていたと結論づけています。一方、本書においては、その根本となっている問題を評価指標の視点から解釈してみます。このように"同じ問題に対しても視点を変えると異なるものの見方や考え方、また解釈ができる"という考え方は科学にとって重要であり、データ**サイエンス**（科学）に携わるみなさんにも持っていただきたい考え方です[*25]。書籍［齋藤21］と比較し、どう視点が異なるのか？ どちらの読み方が自分の感覚に近いのか？ 自分にとって新鮮に感じられる見方はどちらか？ など読み比べていただくとよいでしょう。

　この例では、説明のために、EC プラットフォームにおけるクーポン送付の場面を模した擬似的なデータを使います。ここでは男女ともに同数、かつクーポンを送付した／しないの数も同数であり、データにはサンプリングに関するバイアスが一切存在しない[*26]と仮定しましょう。

　また、ビジネス施策を行う際にも、まったく同じ分布からデータを取得

---

*25　例えば統計学におけるシンプルな例では、ある確率的な事象（交通事故発生や恋人からのSNS ツールでの連絡頻度など）を"単位時間あたりのその事象の生起確率"という視点で見るか、あるいは"その事象の生起間隔の確率"で見るかによって、見えてくる確率分布は異なります。統計学においては、前者はポアソン分布、後者は指数分布と呼ばれる2つの確率分布は表裏一体の関係なのです。同じ"確率的な事象"を"回数"という視点で見るか"時間間隔"という視点で見るかによって見えてくる世界（確率分布）が変わるのです。また別の例として、スパースモデリングで頻出する LASSO は目的関数に対して L1 罰則項を加えたものとしてみることもできますが、ベイズ統計の視点に立つと"ラプラス分布を事前分布とした確率モデル"とも解釈することができます。本書では詳しくは解説しませんが、興味のある読者は参考書籍［岩波 DS5］を調べてみるとよいでしょう。Diversity & Inclusion が叫ばれる昨今ですので、興味ある読者はより Diversified（多様な）した視点でものを見てみるとよいということです。

*26　どの人にクーポンを送付するかしないかはサイコロを振って完全にランダムに決める（選択バイアスがない）、また、E コマースプラットフォームを訪問するユーザの属性の分布がデータ取得時点に対して不変ということです。選択バイアスについては書籍［安井 20］を参照してください。

できると仮定しましょう*27。

　表1.3は性別ごとに、クーポンを送付した場合と送付しなかった場合の売上を、過去データの適当な単位時間において集計したものです。また、売上の差分として、クーポンありの場合の売上からクーポンなしの場合の売上を差し引いた値を示しています。

▼ **表 1.3**／性別ごとの売上データ

ユーザの性別	クーポンありの場合の売上	クーポンなしの場合の売上	売上の差分
男性	600	700	− 100
女性	500	300	＋ 200

　実際のビジネスにおいては、ユーザセグメントを単なる性別だけではなく、より細かく、例えば"性別×年代×家族構成×居住地......"などに分けたうえで施策を実施するのが一般的ですが、ここでは簡易な例を用いて解説したいため、性別のみをユーザセグメントとして使用しています。

　このデータ分析の集計結果を読むと"性別×クーポン送付の有無"で区切ったサンプルサイズ（顧客数）は同数であると仮定すれば、次のような解釈と仮説を立てることができるでしょう。

- 男性はクーポンはあれば使うというスタンスで、クーポンによる購買促進効果はない。クーポンが使用された分だけ売上が下がってしまったのではないか？
- 女性はクーポンの効果で購買意欲が促進される。クーポン送付によって全体の売上を向上させたのではないか？

　これらの仮説を確かめるためには、"売上＝顧客単価×顧客数"という

---

*27　共変量シフト（Covariate Shift）やターゲットシフト（Target Shift）に代表されるデータセットシフトの問題はないと仮定するということです。データセットシフトについては、日本語でよくまとまっている記事[Ridge21]があるので、それを参照するとよいでしょう。データセットシフトに関する研究はよく確立されてはいません。分野（コンピュータビジョンなのか統計的機械学習の基礎論なのかなど）によって用語にバラつきがあるため調べにくいという問題もあります。まずはこの記事からはじめ、興味のある論文から順に、機械ではなく読者自身が学習していくスタイルをおすすめします。

関係から、顧客単価や顧客数という集計軸でもデータ分析を行うことが重要です。主題ではないのでこれ以上の分析は行いませんが、この例において、顧客数は"性別×クーポン送付"で区切ったセグメントにおいてサンプルサイズが同数であると仮定しているため、顧客数は同じであり顧客単価にのみ焦点を当てることになります。

さて、このセグメントごとに集計されたデータに基づき、次回のクーポン送付戦略の構築をまかされたあなたは、売上を最大化するために次の手順でクーポン送付戦略を練ることにしました[*28]。

1. 性別に応じて、クーポンを送付した場合としなかった場合の売上の差分を回帰モデルで予測する
2. "クーポンを送付した場合の売上の予測値が、送付しなかった場合の売上の予測値よりも大きいときはクーポンを送付する"というビジネス施策を実行する

さてこの戦略を実施するため、データサイエンティストが2つの売上差分予測モデル（予測モデルaと予測モデルb）を構築しました。また、我々はこの予測モデルaとbを比較し、何らかの評価指標に基づいてその良し悪しを判定し、どちらのモデルを使うかを決定しなければなりません。ここでは、平均絶対誤差（MAE；Mean Absolute Error。詳細は2章で説明します）を評価指標として採用したとしましょう。平均絶対誤差は回帰モデルを用いたときに標準的に使用される評価指標なので、明らかな評価指標の選定ミスはなさそうです。

さて、この2つの売上差分予測モデルaとbは、それぞれ表1.4に示す予測を行ったとします。

[*28] ここでは書籍 [齋藤 21] にならい、売上の差分を予測する問題としていますが、その他にも例えば"クーポンありの場合となしの場合の売上を個別に予測し、その予測値を引き算する"、"クーポンありの場合となしの場合において、売上が上がったか下がったかの二値分類問題として解く"などの方法を考え、その長所と短所を考えてみてもよいでしょう。

▼ **表1.4**／売上予測モデルによる予測値と予測誤差（疑似データ）

真の値と予測値	男性における売上の差分	女性における売上の差分	平均絶対誤差
真の値	−100	+200	-
予測モデルaによる予測値	+50	−50	200
予測モデルbによる予測値	−400	+500	300

　表には、性別ごとに売上の差分（真の値）、および予測モデルaとbによる予測値を示しました。真の値は、表1.3の売上の差分そのものです。また、予測モデルの平均絶対誤差（詳しい定義は2章で行います）も示しています。それぞれのモデルの平均絶対誤差は、次のように算出されます。

平均絶対誤差（予測モデルa）：
$$(|-100-(+50)|+|+200-(-50)|)/2 = 200$$

平均絶対誤差（予測モデルb）：
$$(|-100-(-400)|+|+200-(+500)|)/2 = 300$$

　ここで単純に2で除せるのは、男女比・クーポン送付有無が同数であると仮定しているからです。もし同数ではない場合にはサンプルサイズに応じた"重み"で調整する必要があります。また、予測モデルの良し悪しにのみ興味があり、平均絶対誤差に興味がない場合は、2で除す必要はありません。評価指標の大小関係さえ不変であれば、結果として選択される予測モデルも変わらないからです。

　ここで平均絶対誤差という評価指標で見た場合、予測モデルaの方が予測モデルbよりも正確に売上の差分を予測できていることがわかります。したがって、評価指標に平均絶対誤差を用いたデータサイエンティストは、予測モデルaを選択してクーポンを送付すべきか否かを決定し、ビジネス上のKPIとして設定している売上の最大化を達成しようとします。平均絶対誤差は回帰モデルで使用される標準的な評価指標です。これをもとにデータサイエンティストは予測モデルを選定し、そのモデルの予測値に基づいてクーポンの送付有無を決める、という流れは至ってよくあるも

のです。

　しかし、この手順は本当に良いビジネス施策へとつながっているのでしょうか。予測モデルaと予測モデルbを採用した場合に、どのようなクーポン送付施策になるか確認してみましょう。

- 予測モデルa
  - 男性における売上の差分として正の値（＋50）が予測される
    → 男性にはクーポンを送付すべき
  - 女性における売上の差分として正の値（−50）が予測される
    → 女性にはクーポンを送付すべきではない
- 予測モデルb
  - 男性における売上の差分として正の値（−400）が予測される
    → 男性にはクーポンを送付すべきではない
  - 女性における売上の差分として正の値（＋500）が予測される
    → 女性にはクーポンを送付すべき

　続いて、予測モデルごとのクーポン送付施策がどのような結果になるか売上を確認してみましょう[29]。

- 予測モデルa
  - 男性にはクーポンを送付し、女性にはクーポンを送付しない
  - 期待売上：（600＋300）/2＝450

　600は男性にクーポンを送付したときの売上で、300は女性にクーポンを送付しなかったときの売上です。

- 予測モデルb
  - 男性にはクーポンを送付せず、女性にはクーポンを送付する

---

[29] ここでは説明を簡単にするために、学習時に参照した真の値で検証していますが、機械学習に習熟している方にとっては学習用のデータで検証しているように思えるでしょう。ここでは「データの確率分布は、売上差分の符号が変わらない程度の分散を持つ確率分布であるため、以下の議論から導かれる結論は不変なのだな」と考えてください。

- 期待売上：(700 ＋ 500)/2 ＝ 600

したがって、**予測モデルbの方が、より大きな期待売上をもたらすこと**がわかりました。機械学習において標準的な評価指標である平均絶対誤差を使用して予測モデルaを選択したデータサイエンティストですが、売上の最大化に失敗してしまったようです。どうしてこのような失敗が起こってしまったのでしょうか？

ここでポイントとなるのは、**評価指標とビジネス上のKPIの関係性をうまく捉えることができていなかった**ということです。ビジネスの問題とデータサイエンスの問題の間に誤った橋を架けてしまったと言えます（図1.9）。

最終的に成し遂げたいことが"性別に応じてクーポン送付を最適化し、売上を最大化する"であれば、それにできるだけ沿った評価指標を用いるべきです。本来は"性別に応じてクーポン送付を最適化し、売上を最大化する"タスクを解くべきだったにもかかわらず、データサイエンスの問題に焼き直す際に誤った評価指標を設定してしまったのです。そして、結果としては"平均絶対誤差という標準的に使われる評価指標で見たときの予測精度は良いものの、ビジネス上のKPIの達成には貢献しないモデル"を選択してしまいました。このように、評価指標を正しく設定できなければ、その後の特徴量エンジニアリングやハイパーパラメーターチューニングや予測モデルの改良がどれだけ洗練されていたとしても、ビジネス上のKPIには何も貢献しない施策ができあがってしまいます。

では、この例ではどのような評価指標を選べべきだったのでしょうか。アイデアの1つとして、**符号的中率**という評価指標を独自に定義してみましょう[30]。

$$符号的中率 = \frac{1}{N} \sum_{i}^{N} sign(\hat{y}_i \cdot y_i)$$

---

[30] 筆者が知らないだけで、もしかするとデータサイエンスにおいては標準的な評価指標として存在しているかもしれません。筆者の知る範囲での関連するトピックとしては金融業界における符号予測（Sign Prediction）問題 [Weige21] があります。

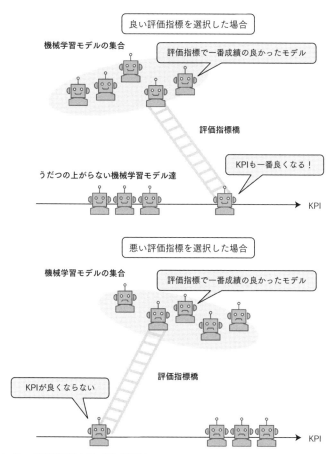

■ 図 1.9／良い評価指標橋と悪い評価指標橋

　ここでNはデータの個数（サンプルサイズ、今回は2）であり、$\hat{y}_i$はi番目の売上差分の予測値、y_iはi番目の売上差分の実際の値です。$sign$という見慣れない関数が出てきましたが、これは"もしこの関数の引数が＋（プラス）であれば＋1を、−（マイナス）であれば−1を、0であれば0を"返す関数であり、符号関数として知られています。

　言うなれば"予測値と実際の値の**符号**の一致のみに着目"した評価指標です。符号的中率は"もし真の値とモデルの予測値の符号の値がすべて同じであれば1、逆にすべて違えば−1となるような評価指標"です。正の

方向に大きければ大きいほど良いモデルであると判断できます。例えば、予測値が0.5で実際の値が1.2の場合は、符号が両方とも＋で一致しているので符号的中率は高くなり、逆に、予測値が−0.5で実際の値が0.1の場合は、符号が一致していないので符号的中率を低下させます。符号は＋か−しかとらないので、二値分類の評価指標と考えることもできます。すなわち、回帰モデルが二値分類で用いられる評価指標で評価できてしまうということです。

　これによって、評価指標とビジネス上のKPIの関係性を担保できました。なぜなら、ビジネス施策としてクーポンを送付した方が良い（売上差分の真の値が正）ときには、評価指標（符号的中率）の値の大小を通じて予測モデルも正の値を予測することが推奨され、一方、クーポンを送付しない方が良い（売上差分の真の値が負）ときには、予測モデルも負の値を予測することが推奨されるからです。

　予測モデルaとbそれぞれの符号的中率は以下のように算出できます。

　　　符号的中率（予測モデル a）：
　　　　　$(sign(-100 \times +50) + sign(+200 \times -50))/2 = -100$ ％

　　　符号的中率（予測モデル b）：
　　　　　$(sign(-100 \times -400) + sign(+200 \times +500))/2 = 100$ ％

　先ほどは平均絶対誤差という評価指標を用いたため予測モデルa（符号適中率−100％）を選択しましたが、これによってビジネス上のKPIにより適合している予測モデルb（符号適中率100％）を選択できました。

　ここで覚えておいてほしい点は、クーポン送付というビジネス施策を考慮しない場合、選択した評価指標で見れば良いモデルではあったが、ビジネス上のKPIにとっては良いモデルを選択できなかったということもあり得ることです。

　ここでさらに問題を厄介にしているのが、平均絶対誤差を使った場合に必ずしも誤った結論を得るとは限らないということです。表1.5に例を示します。予測モデルaとbはそのまま、予測モデルcを新たに導入したとしましょう。

▼**表1.5**／売上予測モデルによる予測値と予測誤差（疑似データ）

真の値と予測値	男性における売上の差分	女性における売上の差分	平均絶対誤差
真の値	−100	+200	-
予測モデルaによる予測値	+50	−50	200
予測モデルbによる予測値	−400	+500	300
予測モデルcによる予測値	−200	+150	75

予測モデルcの平均絶対誤差は、次のように算出されます。

平均絶対誤差（予測モデル c）：
$$(|-100-(-200)|+|+200-(+150)|)/2 = 75$$

予測モデルcの平均絶対誤差は予測モデルaやbよりも良く、このモデルが採用されることになります。この予測モデルcでビジネス施策を実行すれば、モデルbと予測値の符号が変わらないため予測モデルbが導くビジネス施策と同じ結果が期待でき、売上の最大化が達成できます。したがって、この例の場合、平均絶対誤差という評価指標を使っていたとしても、モデルの精度を改善し続ければ正しいビジネス施策へとたどり着くことができたのです。「どの指標で測っても良いモデルは良いモデル」と言われる所以です。

では、なぜ我々は平均絶対誤差ではなく符号的中率を持ち出したのでしょうか。それは、平均絶対誤差の改善が"符号的中率に比べて"、ビジネス上のKPIにうまく沿っていない、つまり「1.5.1 評価指標とKPIの関係」で言及した「順序構造さえ担保できれば良い」に反するからです。

また、別な観点として、平均絶対誤差の改善がどの程度ビジネス上のKPIの改善につながるかを把握しきれないという理由もあるでしょう[31]。幸運なことに、符号的中率を用いると、その1%の改善が平均的にどの程度全体の売上向上に貢献するかを"符号的中率×売上増減"の和として計

---

* 31 　実はこのビジネス施策のケースでは、"目的関数＝評価指標＝ビジネス上のKPI"という本書の言う黄金律のうち、"評価指標＝ビジネス上のKPI"を成り立たせるような評価指標を期待値ベースで書き下すことができ、ここで定義した符号的中率はそれに非常に近いと言えます。興味ある読者は具体的な期待値計算の数式を立ててみるのもよいでしょう。

算できます。この意味でもここでは符号的中率に分があります。

　また、クーポン送付に関する精度は予測モデルbで事足りており、予測モデルcは最終的なビジネス施策が変わらないという意味で少々やりすぎなモデルです。さらに面白いのは「1.5.3 評価指標と KPI のズレ」項の「パフォーマンスの飽和」で説明した状況の一例になっています。最終的なビジネス施策が不変であるならば、機械学習モデルの予測精度を上げ続ける必要はビジネスの観点から言えばまったくありません。この状況で一旦モデルの精度向上開発を止めるという ROI（Return On Investment）*32 の観点で正しい意思決定ができる体制にあるでしょうか。あるいは、機械学習モデル自体の開発に強い熱意と興味を持つデータサイエンティスト諸氏は、その決断ができるかあらためて己に問うてみるのもよいかもしれません。

1.7　KPIの特質を損失関数と評価指標に反映する

　前節では、評価指標の選択を間違えないために、評価指標自体を KPI と整合的にする方法を紹介しました。これ以外には、データ1レコードごとの重要さを学習時に**重み**として反映するという方法があります。回帰を例にすると、あるサンプルはとても大事なので、絶対にそのサンプルにおいては予測誤差を小さくしたいというアイデアです。二値分類問題で説明すると、クラス間の不均衡さを是正するために、学習時にデータの重みを加えて調整することです。回帰・分類ともに根底にある考え方は"データごとにその重要さが異なる状況を反映する"であり、それぞれ2、3章で詳しく解説します。一般的な機械学習ライブラリの多くで、sample_weight、あるいは単にweightといった引数で学習時に指定できます*33。

---

* 32　投資収益率。その開発により得られた収益を開発コスト（投資金額）で割ったものです。この数値が高ければ高いほど良い投資であったと考えることができます。
* 33　例えば、"確率的勾配法を用いた線形分離器"を学習させるための fit メソッドなどが参考になります。https://scikit-learn.org/stable/modules/generated/sklearn.linear_model.SGDClassifier.html#sklearn.linear_model.SGDClassifier.fit

　また、モデルの学習に使う損失関数そのものに対してビジネスの設定を反映することもできます。特に、インターネット広告においては"広告のクリック＝売上"が成立するようなビジネスモデルを採用している場合があり、クリック予測モデルの結果から計算される期待売上をそのまま損失関数に利用することがあります [Ren17]。

Column

評価指標を独自に定義するには

　本書のサンプルコードで用いるオープンソースの機械学習ライブラリである scikit-learn では、`make_scorer` を用いることで独自の評価指標を作成できます。また、機械学習ライブラリによっては、独自で実装した目的関数 (損失関数) をカスタム損失関数として指定できます。

make_scorer：https://scikit-learn.org/stable/modules/generated/sklearn.metrics.make_scorer.html

---

▋ 1.7.1　EC プラットフォームのクーポンメール送付施策 (再訪)

　前節のクーポン送付施策の例では、KPI に沿った符号的中率という評価指標を提案しました。本章の締め括りとして、この問題をビジネスの数理モデリングの観点からあらためて解説します。ビジネスの数理モデリングについては、Appendix「ビジネスの数理的構造」で詳しく解説します。

　解説する前に結論を述べてしまいますが、KPI の数理的な構造を解き明かしていくと、符号的中率も KPI 自体と完全に一致した評価指標ではなく、ある種の近似であることが判明します。またこの問題自体は"クーポンを送付するか否か"という意思決定の問題をどのように機械学習の問題へと写像すればよいのか？についても学ぶことができる良い例となっています。しっかりと理解しましょう。

　ここでは性別によるセグメントではなく、既存ユーザをまとめた N 人のデータを扱いたいため、問題をここで再定義します。EC サイトの運営者は、ユーザに商品を宣伝する割引クーポン付きメールを送信すること

で、購入を促すマーケティング施策を行うとします。あるユーザ i がこの EC サイトで購入する金額は事前にわからないため、それを確率変数 S_i として扱います。仮にこの EC サイトが特段の新しいビジネス施策を実行することなく運営し続けたとします。ここで得られた売上金額によって、各ユーザがどれだけ購入したのかが判明します。この売上金額は、**何のビジネス施策を実行することもなかったときの売上**（ここではクーポンメール送付が実行されなかったときの売上）と考えることができます。ここではこの"何のビジネス施策を実行しなかった分の売上"のことを"潜在的な購買量"と呼びましょう。次に先ほどの例と同様に EC サイトの売上を伸ばすために"メールに割引クーポンを添付してメール配信し、既存ユーザの再流入とその後の購入行動を促す"というビジネス施策を実行する状況を考えます。このビジネス施策の裏には「クーポンをメールで受け取ったユーザは普段よりも安く購入できるので、より多く購入するに至り、クーポンで値引きした分を考慮しても売上はより高くなるであろう」というビジネス上の仮説があります。

　マーケティング予算がすべての既存ユーザに対してクーポンを送付できる程度には十分であると仮定します。ただし、クーポンがなくても同じ量だけ購入するユーザが存在し、そのユーザはクーポンを受け取ってそれを使用すると考えます。すなわち EC サイトにとっては"クーポンを使用されればされるほど損をする状態"になり、クーポンを送付しない場合に比べて売上が減ってしまうケースも存在するということです。

　あるユーザ i に対するメール配信による売上 S_i を考えます。ユーザ i に対するビジネス施策を a_i とし、今回はこれがクーポン送付の有無で 2 状態をとるものとします。

$$a_i = \left\{ \begin{array}{l} \text{クーポン送付あり} \\ \text{クーポン送付なし} \end{array} \right.$$

このような状況においてユーザ i の売上 S_i は

- S_i^0 をユーザ i がクーポンを送付されなかった場合の売上
- S_i^1 をユーザ i がクーポンを送付された場合の売上

という2つの変数を導入することで、以下のように書くことができます。

$$S_i = S_i^0 + Y_i \mathbf{1}_{\{a_i = \text{クーポン送付}\}}$$

ただしここで $Y_i = S_i^1 - S_i^0$ です。S_i^0 を S_i^1 から差し引いておくことにより"クーポンを送付しなかった場合"の売上を基準とした評価が簡単になり、後の見通しが良くなります。$\mathbf{1}_{\{a_i = \text{クーポン送付}\}}$ は指示関数であり{}の中がTrueの場合1を、そうでなければ0を返す関数です。この表現からわかるように、これは"クーポンを送付するかしないか"という意思決定の問題であり、機械学習の問題ではありません。機械学習を使わなくても、すべてのユーザ i に対してクーポンを送付する、数式で書くと $a_i = $ クーポン送付,$\forall i$ という意思決定ができます。その他にも次のような意思決定も考えられるでしょう。

- i がユーザIDを表す場合、i が1から100の間の値をとるユーザIDが小さい値の（古参であろう）ユーザにのみクーポン送付
- i が5で割り切れるユーザにのみクーポン送付（簡便なサンプリング–1）
- i の末尾が7のユーザにのみクーポン送付（簡便なサンプリング–2）

意思決定を行うために機械学習は必須ではなく、あくまで効率よく行うための道具の1つです。また、ここで S_i^0 と S_i^1 という2つの売上を表す確率変数を使いました。これはクーポンを送付した場合と、していない場合の値の両方を同一のユーザについて観測しなければならない量です。現実にはどちらかの値しか観測し得ないため、観測できなかった方の確率変数を推定する必要があります。

さて、この意思決定の問題を機械学習の問題として表現するため、ここでは"Y_i の予測値 $\hat{Y}_i$ が0より大きいときにクーポンを送付する"として、機械学習モデルの予測結果を意思決定に用いることとしましょう（図1.10）。こうすることで機械学習モデルによる予測結果をクーポン送付有無というビジネス施策に結びつけることができます。この考え方は、クーポンを送付すると送付しない場合に比べてより多く購入してくれそうな

$\hat{Y}_i > 0$ を満たすユーザ i に対してのみクーポンを送付するという状況に対応しており、直感的にもよさそうです。この方法以外にも、以下のような施策を考えることができます。

- 予測を誤り売上が低下してしまうことを保守的に回避するため、$\hat{Y}_i$ が0ではなくある正の数 ϵ より大きい場合にのみクーポンを送付する
- クーポンの無駄な送付を避ける観点から、ユーザの来店率を推定し、$\hat{Y}_i > 0$、かつ来店率の高いユーザにのみ絞ってクーポンを送付する（安全側に振って）

このような施策立案は、機械学習モデルを実際のビジネスへどうやって活かすか、データサイエンティストのみならずプロジェクトチームとして喧々諤々と議論をするポイントです。このような議論をふまえて、意思決定の問題を機械学習の問題へと変換（写像）できました。

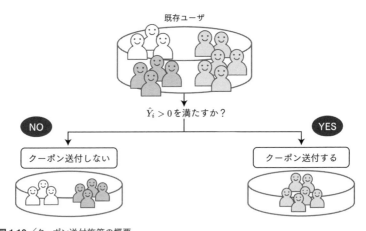

■ **図 1.10** ／クーポン送付施策の概要

このように機械学習の問題で表現できれば、売上は以下のように書き下すことができます。

$$S_i = S_i^0 + Y_i \mathbf{1}_{\{\hat{Y} > 0\}}$$

$$= S_i^0 + Y_i \left(\frac{1 + sign(\hat{Y}_i)}{2} \right)$$

1行目は意思決定の問題としての表現"$\mathbf{1}_{\{a_i=\text{クーポン送付}\}}$"を、機械学習の問題としての表現"$\mathbf{1}_{\{\hat{Y}_i>0\}}$"に直したものです。1行目から2行目への式変形は、指示関数と符号関数の性質から導かれます。興味のある方は自分の手を動かして考えてみるとよいでしょう。複雑な数式のように見えますが、読み方自体は簡単です。

- $\hat{Y}_i > 0$ のときには符号関数が1を返し、クーポンを送付するという意思決定になる
- $\hat{Y}_i < 0$ のときには符号関数が -1 を返し、クーポンを送付しないという意思決定になる

慎重に読まないと難しく感じるかもしれませんが、このように"意思決定の問題を機械学習の問題へと変換"できるのです。

既存ユーザ N 人に対して本ビジネス施策を実行するとし、全体の売上を KPI として設定しましょう。したがって、KPI は以下のように書くことができます。

$$KPI = \sum_{i=1}^{N} S_i$$

ここで、確率変数の実現値をすべて小文字で書くことにすると、KPI の実現値 kpi は、各ユーザ i の売上の実現値 s_i の和です。

$$\begin{aligned}
kpi &= \sum_{i=1}^{N} s_i \\
&= \sum_{i=1}^{N} \left\{ s_i^0 + y_i \left(\frac{1 + sign(\hat{y}_i)}{2} \right) \right\} \\
&= \sum_{i=1}^{N} \left\{ s_i^0 + \frac{1}{2} y_i \right\} + \sum_{i=1}^{N} \frac{1}{2} y_i sign(\hat{y}_i)
\end{aligned}$$

$$= \sum_{i=1}^{N} \left\{ s_i^0 + \frac{1}{2} y_i \right\} + \sum_{i=1}^{N} \frac{1}{2} |y_i| sign(y_i) sign(\hat{y}_i)$$

$$= \sum_{i=1}^{N} \left\{ s_i^0 + \frac{1}{2} y_i \right\} + \sum_{i=1}^{N} \frac{1}{2} |y_i| sign(y_i \hat{y}_i)$$

このように、長々とした数式変形の結果を導くことができます。最後に符号関数の性質 $sign(x) \times sign(y) = sign(xy)$ を使用しています。

このように 2 つの和に分離して書いている理由は、以下を明示したかったからです。

- 第一項は機械学習とは無関係に決まる部分
- 第二項は機械学習の精度に依存する部分

ここで注目したいのは、この機械学習の精度に依存する第二項です。

$$\sum_{i=1}^{N} \frac{1}{2} |y_i| sign(y_i \hat{y}_i)$$

この項が売上の向上に寄与するのは、以下の 2 つのケースにおいてです。

- 「売上が向上するのでクーポンを送付すべきだ！（$\hat{y}_i \geq 0$）」という状況において、正しくクーポンを送付した（$y_i > 0$）
- 「売上が下がるのでクーポンは送付すべきではない！（$\hat{y}_i < 0$）」という状況において、正しくクーポンを送付しなかった（$y_i < 0$）

この 2 つのケースが、機械学習モデルが売上を向上させることに寄与した、あるいは意思決定の問題として正しい選択をしたことに相当します。売上を向上させたいのであれば、第二項をできるだけ大きくするような機械学習モデルを選択すればよく、これを評価指標とするとよさそうです。この第二項を以下では**重み付き符号的中率**と呼びます。したがって、ここでは以下のように書き下すことができます。

$$KPI = 重み付き符号的中率 + 定数$$

　評価指標である重み付き符号的中率を向上させれば、売上（KPI）も自ずと向上するという数理的な構造を解き明かすことができました。

　この重み付き符号的中率を既出の符号的中率と比較してみましょう。

$$符号的中率 = \frac{1}{N} \sum_{i=1}^{N} sign(y_i \hat{y}_i)$$

$$重み付き符号的中率 \sum_{i=1}^{N} \frac{1}{2} |y_i| sign(y_i \hat{y}_i)$$

　比較してみると、$\frac{1}{N}$ や $\frac{1}{2}$ となっている定数部分を除いて、第二項に $|y_i|$ という（余計な）係数がかかっている点が本質的に異なります。したがって、機械学習モデルを符号的中率という評価指標で測った場合の良さは、売上というKPIと正の相関があるという意味では正しいものの、より精緻に測ろうとすると、$|y_i|$ という"ユーザごとに異なるクーポン送付有無での売上向上度合い"を重みとして乗算して評価しなければならないということがわかります。

　実際にビジネスにおいて、この $|y_i|$ という量を評価する際には、あるユーザiに対するクーポン送付あり・なしの両ケースを観測できないので、年齢・性別・居住地などの特徴量に基づき $|y_i|$ を推定することになります。この話題の詳細については書籍 [高橋17] [星野16] を参照するとよいでしょう。

　このようにクーポンを送付するかしないかという単純なビジネス施策ですら機械学習でよく用いられる典型的な評価指標で書くことは難しいということがわかっていただけたのではないでしょうか。より複雑なビジネス施策と機械学習の評価指標を結びつけるためには、どれほど注意深く考えても考えすぎることはありません。ビジネスモデルや収益構造、最大化したいKPIと評価指標の間の関係を正しく認識しておかなければ、目の前にある大きなビジネスチャンスを逃しかねません。「たかが $|y_i|$ が乗算されるかそうじゃないかくらいで何を大げさな！もっとドンと構えていればいいんじゃい、ガハハ！」と申される方がいるかもしれませんが、その主

張は正しくありません。今回の例では、評価指標に符号的中率を採用するということは、売上の多寡に関係なくすべてのユーザを等しく扱うと判断したと言え、一方、重み付き符号的中率を採用するということは、お得意様度合いとでも言うべき売上の大きさに応じてユーザ間の扱いに違いを設ける、お得意様により正しくクーポンが送付されるよう贔屓（ひいき）する施策に改良したと言えます。これはそもそものビジネス戦略自体が異なることを意味します。まさに評価指標が**ビジネス（戦略）と機械学習の間を結ぶ架け橋**となっていることがわかっていただけるでしょう。また、実際のデータを分析してみると骨身に染みて理解できることですが、特に売上や所得といった金額を表すデータはべき分布であることが多く、重み付き符号的中率の重みの分散が大きいことも特徴です。あるユーザを基準に評価した別のユーザが、100倍あるいは逆に1/100倍ひいきされるということもよく起こりえます。このような状況を考えると、すべてのユーザを等しく扱う方法には問題があろうことは想像に難くありません。

　本書では割愛しますが、売上ではなく利益を最大化したいときには、利益＝売上－コストですので、クーポンの配信コストやマーケティング予算といったコストを加味する必要があるでしょう。簡単に定式化できるので、この話題は読者への宿題として残しておきます。

Column
「効果検証入門」との関係性

　「効果検証入門」[安井20]という本書の関連書籍でも、クーポン送付の例を扱っています。

　本書の監修者が当該書籍の監修に関わっていることもあり、本コラムでは本章との関係性について述べたいと思います。端的に言うなら、本章で扱っている内容は「効果検証入門」における"セレクションバイアスがあるデータの生成方法"を説明したものです。セレクションバイアスとは、割付（ここではクーポン送付有無を割り付ける）の際の選択によって発生するバイアスのことです。セレクションバイアスは経済学の用語であり、疫学の用語では交絡に相当します。「効果検証入門」におけるクーポン送付

有無という介入の選択と、本章で説明してきた機械学習モデルによって送付有無を決定する状況が対応します。「効果検証入門」ではこのセレクションバイアスを所与とし、効果検証を行う際にできるだけこのセレクションバイアスに起因した効果を除去する方法を解説しています。詳しくは当該書籍の1.1節や3.3節を参照してください。

　ユーザの特徴量に基づいて機械学習モデルを構築し、機械学習モデルの出力する予測にしたがってクーポンの送付有無を決めるということは、クーポンの送付有無でグループ分けをした場合にそのグループ分けを決める材料として使われた特徴量の分布に著しい偏りを作り出すということです。例えば"男性、年齢28歳以上"には確実にクーポンを送付していた一方、"女性、年齢40歳以下"にはクーポンを送付しない、などの意思決定を機械学習モデルではじき出すわけですから、これは当然です。クーポンを一様にランダムに割り当てるわけではないので、セレクションバイアスが発生します。このセレクションバイアスが明らかに存在し、セグメントごとの比率が揃っていない状況において、単純にクーポン送付があるかないかのグループ間で比較してしまうと、ビジネス用語で言うApple to Apple（同一条件）での比較にはまるでなっていません。効果を単純に比較すると誤った効果検証につながるため、これを補正するための方法論を「効果検証入門」は述べているのです。

■ 1.7.2　評価指標に陰に依存するKPIの見積もり方

　本章で用いた例は、幸いなことに売上などのKPIに評価指標を直接的に紐づけることができました。つまり、売上を改善したいなら評価指標の値を向上させれば（本章では重み付き符号的中率を高くすれば）よいという関係を陽に示せたということです。では、そのような関係を直接書き下すことができない場合、すなわち評価指標がKPIに陰に依存する場合にはどうしたらよいでしょうか？　残念ながら銀の弾丸は存在しません[*34]。KPIそのものから評価指標を直接考えるのが難しい場合は、まずKPIを構

＊34　筆者の知る限り、書き下せる条件やその分類を扱った研究や文献存在しません。これはやはりドメイン知識が必須であり、かつ、多岐にわたるためでしょう。

築している要因を分解して特定し、各々の要因に対して機械学習を通じて
どう改善できるかを考え、その要因と評価指標をうまく結び付ける方法を
地道に考えていくしかありません。もしすでに展開済みのモデルがあれ
ば、そのモデルの評価指標、および観察されたビジネス上のKPIの関係
から大雑把に"評価指標を1単位変化させたらどのくらい利益が出るのか"
を算出してROIを計算することができますが、そもそもが粗い近似的な
計算となるため、ビジネスシミュレーションとしてスプレッドシートなど
で大まかな数値を計算するのが関の山でしょう。興味のある方は参考書籍
［Provost14］の「7章 意思決定のための分析思考I：良いモデルとは何か」
「11章 意思決定のための分析思考II：分析思考から分析工学へ」を参照す
るとよいでしょう。

1.8 まとめ

　本章では、評価指標とビジネス上のKPIの概念をしっかりと区別でき
るように理解するのが目的でした。ビジネスパーソンであれば最終的に達
成しなければならないビジネス上のKPIと評価指標の関係と、真にビジ
ネスインパクトのある機械学習モデルを構築・運用するための概論を説明
しました。

　具体的には、機械学習は最適化計算であるという説明から、機械学習の
学習フェーズに焦点を当てて、目的関数と評価指標の違いを解説しまし
た。続いて、機械学習プロジェクト全体の流れをCRISP-DMをもとに説
明しました。次に、評価指標とビジネスで用いられるKPIの間にはそも
そも関係がないこと、そしていかにその2つの指標をうまくつなげられる
かが機械学習ビジネスの鍵になることを、具体例を交えて紹介しました。

　本章で紹介した考え方やテクニックによって、ビジネス上のKPIを直
接的に向上させる学習を実行できるでしょう。次章以降では機械学習にお
ける典型的な問題ごとに、標準的な評価指標を紹介し、それをビジネスに
適用する方法を解説していきます。

参考文献

[base21] 誤分類コストを考慮した機械学習モデルの考え方, https://devblog.thebase.in/entry/2021/12/23/110000, 2021.

[Bernardi19] Lucas Bernardi, Themis Mavridis, Pablo Estevez. "150 successful machine learning models: 6 lessons learned at booking. com." SIGKDD, 2019.

[cao21] 内閣府, 法人格の選び方, https://www.cao.go.jp/regional_management/rmoi/erabu/

[Chapman00] Pete Chapman, Julian Clinton, Randy Kerber, Thomas Khabaza, Thomas Reinartz, Colin Shearer, and Rüdiger Wirth, CRISP-DM 1.0 Step-by-step data mining guides, 2000.

[Davenport12] Thomas H. Davenport, D. J. Patil "Data scientist." Harvard business review, pages70-76, 2012.

[Drucker01] ピーター・F・ドラッカー (著), 上田惇生 (翻訳), マネジメント [エッセンシャル版], ダイヤモンド社, 2001.

[Elkan01] Charles Elkan "The Foundations of Cost-sensitive Learning" IJCAI, 2001.

[Kevin12] Murphy Kevin P "Machine learning: a probabilistic perspective" MIT press, 2012.

[Kingma15] Diederik Kingma, Jimmy Ba "Adam: A method for stochastic optimization" ICLR, 2015.

[Kohavi21] Ron Kohavi, Diane Tang, Ya Xu (著), 大杉直也 (翻訳), A/Bテスト実践ガイド, ドワンゴ, 2021.

[Martínez19] Fernando Martínez-Plumed, Lidia Contreras-Ochando, Cèsar Ferri, et al. "CRISP-DM twenty years later: From data mining processes to data science trajectories" IEEE, 2019.

[Matthew12] Zeiler Matthew D "Adadelta: an adaptive learning rate method." arXiv:1212.5701, 2012.

[mercari20] より実用的な機械学習モデルを目指して 〜Cost-Sensitive Learningの活用〜, https://engineering.mercari.com/blog/entry/20201212-cost-sensitive-learning-for-application/

[Provost14] Foster Provost、Tom Fawcett (著)、竹田正和 (監訳), 戦略的データサイエンス入門, オライリー・ジャパン, 2014

[Ren17] Kan Ren, Weinan Zhang, Ke Chang, et al. "Bidding Machine: Learning to Bid for Directly Optimizing Profits in Display Advertising" IEEE, pages645-659, 2017.

[Ridge21] トップカンファレンスにおけるデータセットシフトと機械学習, https://iblog.ridge-i.com/entry/2021/03/10/110000

[sansan19]【ML Tech RPT.】第5回 不均衡データ学習 (Learning from Imbalanced Data) を学ぶ (2), https://buildersbox.corp-sansan.com/entry/2019/04/03/110000

[Schwartz04] Barry Schwartz (著), 瑞穂のりこ (翻訳), なぜ選ぶたびに後悔するのか, 武田ランダムハウスジャパン, 2004.

[Uribe15] Gomez Uribe, Carlos A, Neil Hunt "The netflix recommender system: Algorithms, business value, and innovation." TMIS, pages1-19, 2015.

[Wagstaff12] Kiri Wagstaff "Machine Learning that Matters" https://arxiv.org/abs/1206.4656, 2012.

[Wang22] Yuyan Wang, Mohit Sharma, Can Xu, et al. "Surrogate for Long-Term User Experience in Recommender Systems" KDD, Pages4100-4109, 2022.

[Weige21] Huang Weige "Sign Prediction and Sign Regression" Journal of Investment Strategies 9, 2021.

[Zheng19] Alice Zheng, Amanda Casari (著), 株式会社ホクソエム (翻訳), 機械学習のための特徴量エンジニアリング, オライリー・ジャパン, 2019.

[齋藤21] 齋藤優太, 安井翔太 (著), 株式会社ホクソエム (監修), "施策デザインのための機械学習入門", 技術評論社, 2021.

[高橋17] 高橋将宜, 渡辺美智子, "欠測データ処理", 共立出版, 2017.

[星野16] 高井啓二, 星野崇宏, 野間久史, "欠測データの統計科学", 岩波書店, 2016.

[安井20] 安井翔太, "効果検証入門", 技術評論社, 2020. 岩波書店, 2016.

[ゆずたそ21] ゆずたそ, 渡部徹太郎, 伊藤徹郎, "実践的データ基盤への処方箋", 技術評論社, 2021.

2 章

回帰の評価指標

2.1 回帰とは

　機械学習における回帰とは、"さまざまな入力値をもとに、連続値を予測"することです。簡単に言うと連続値とは"切れ目のない数字"のことを指します。例えばサイコロの出る目は1、2、3 …… 6と切れ目のある数です。一方、サイコロの一辺の大きさは1cm、1.01cm、1.001cm …… と切れ目のない数ととれ、これを連続値と呼びます。入力値自体は連続値とは限らず、離散的な値（例：サイコロの出る目）をとることも可能です。入力値をもとに連続値を予測する例を以下に挙げます。

- 株価予測
  - 証券会社や個人のトレーダーが翌日の株価を予測します。売買益の最大化をねらいます。
  - 入力値：過去の株価データ、各種経済指標、各企業の財務指標
  - 予測値：翌日の株価
- 需要予測
  - 小売店が日々の商品発注数を予測します。商品の欠品や廃棄による損失を防ぐことを目的に行います。
  - 入力値：販売実績、気象情報、販促情報
  - 予測値：翌日の商品発注数
- 住宅価格予測
  - 不動産会社が住宅価格を予測します。住宅価格を予測する企業は、不動産取引の成約率を上げたり、不当な金額での売買を防ぐ目的で行います。
  - 入力値：築年数、面積
  - 予測値：住宅価格

　このように、さまざまな分野での予測に対し回帰が利用されます。

▌ 2.1.1　回帰モデルと学習

一般的に、回帰モデルは以下のように書くことができます。

$$y = f(x) + \epsilon$$

ここで $f(\cdot)$ が回帰モデルのコアとなる回帰式（以下、真の回帰式 f と呼びます）です。通常、真の回帰式 f は、我々には知り得ないものです。この知り得ない f をデータから推定して得られる回帰式を $\hat{f}$ と書きます。x は機械学習の文脈では特徴量、あるいは特徴ベクトルと呼ばれるものであり、適当な次元のベクトル空間の元として扱われます。y はこの回帰モデルの出力であり、通常、ある実数をとります。また、ϵ は誤差であり、求めようとする真の回帰式 f から算出される値と実際のデータとの差です。

ここで、真の回帰式を一次関数 $f(x) = ax + b$ としてやると

$$y = ax + b + \epsilon$$

となり、これは単回帰モデルと呼ばれる回帰式になります。単回帰モデルにおいては、y を目的変数、x を説明変数、a を回帰係数、b を切片と呼びます。入力値となる x の値（説明変数）をもとに、連続値である y の値（目的変数）を予測するのが回帰です。単回帰モデルは1つの目的変数に対し1つの説明変数で予測を行うモデルということです。

以下、本節では直感的な理解のしやすさと説明の簡便さから、単回帰モデルを例に説明をします。一般的な回帰式 f でも本質なところはまったく同じです。

さて、例示した回帰モデルの回帰係数 a と切片 b はどのように求めるでしょうか（図2.1）。「1.2 機械学習と最適化計算」で解説しているので、繰り返しになりますが、学習フェーズにおいて、回帰モデルがどのように学習されるのかをかんたんに確認します。学習とは、既知の説明変数 x と目的変数 y の組み合わせから、回帰係数 a と切片 b（一般には関数 f 自体）を推定することです。既知の説明変数 x と目的変数 y の組み合わせは、学習データや教師データと呼ばれるデータセットが持っています。

学習においては、まず、回帰モデルの予測式 $y = ax + b$ から算出され

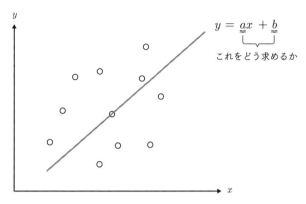

■ **図 2.1** ／回帰モデルのイメージ

る値（以下、予測値）と実際に測定された値（実測値）の乖離度合いをなんらかの形で関数として定式化し、定式化された数式を目的関数として設定します。そして、学習フェーズにおいて、この目的関数を最小化するような a と b を決定します。この決定された a と b を、それぞれあらためて $\hat{a}, \hat{b}$ と書くと、データから推定して得られる回帰式 $\hat{f}$ が

$$\hat{f}(x) = \hat{a}x + \hat{b}$$

として得られるという算段です。

　モデルの予測式から算出される予測値を $(ax_1 + b, ax_2 + b, ..., ax_N + b)$ とし、モデルの実測値を $(y_1, y_2, ..., y_N)$ としましょう。仮に、目的関数として二乗和誤差を採用した場合を例示すると以下のように書けます。

$$L\,(目的関数) = (y_1 - ax_1 - b)^2 + (y_2 - ax_2 - b)^2 + \cdots + (y_N - ax_N - b)^2$$
$$= \sum_{n=1}^{N} (y_n - ax_n - b)^2$$

　二乗和誤差は、予測値と実測値の差（これを以降"誤差"と呼びます。正確には残差と呼ぶべき量ですが、本章では厳密な数学を追求しないので、わかりやすさの観点から誤差と表記します）の二乗を足し合わせることで算出されます。

　予測値と実測値の乖離度合いを最小にするのが回帰モデルでしたので、

この乖離度合いを誤差の二乗と決めてやると、二乗和誤差を最小化することで、aとbが求まるということになります(図2.2)。

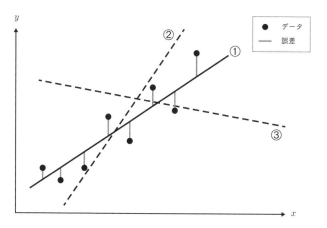

■ **図2.2**／二乗和誤差の最小化のイメージ

　例えば、図2.2において、①は誤差が最小になるように決められた一次関数です。この一次関数を表す式(例えば$y = 2.3x + 3.5$のようなものです)の係数が求めるべきa、bそのものです。一方、一次関数②・③の誤差は①の誤差に比べて大きいため、誤差を最小化していません。したがって、②・③を表す一次関数の係数は二乗和誤差を最小にするという観点からは不適切であり、a、bとして採用できません。本章で解説する評価指標を用いて回帰モデルの性能を評価する方針は、"何らかの乖離度合いを用いて予測値と実測値の差である誤差がどれだけ小さいかを測ること"と言い換えることもできるでしょう。

2.2 データセットと回帰モデルの準備

　前節で示したように、予測値と実測値の差である誤差を最小化するように学習したものが回帰モデルでした。この考え方に則ると、回帰で用いる

評価指標では"予測値が実測値にどれだけ近いか"でその予測の良し悪し
を評価することになります。次節以降で、さまざまな評価指標を用いて回
帰モデルを比較していくための準備をします。

▎2.2.1　データセットの準備

　本節以降では、KaggleのコンペティションRecruit Restaurant Visitor
Forecastingのデータセットを用いて、飲食店の来店客数予測を試みなが
ら、回帰における評価指標を解説します。ここで行う回帰モデル構築の目
的は"回帰モデルを用いて客数を予測し、予測された客数に応じて食材の
仕入れやスタッフのスケジュールを構築、利益の最大化を目指す"です。
　以下ではデータセットの準備手順について記載します。

1. Kaggleのアカウントの登録がまだの方は、以下のURLでKaggleの
   アカウントを登録してログインします。
   https://www.kaggle.com/
2. ログインが完了したら、以下のURLにアクセスします。
   https://www.kaggle.com/competitions/recruit-restaurant-
   visitor-forecasting/data
3. 画面下部にスクロールし「Download All」ボタンをクリックして、zip
   ファイル (archive.zip) をダウンロードします。
4. ダウンロードしたファイルを解凍すると、さらにzipファイルが確認
   できます。本書で使用するair_visit_data.csv.zip、air_store_info.
   csv.zip、air_reserve.csv.zip、data_info.csv.zipを解凍し、dataディ
   レクトリに格納します。
   - Windows 10の場合は、エクスプローラーの圧縮フォルダーツー
     ルで「全て展開」ボタンをクリックし、展開先のフォルダーを選択
     して「展開」ボタンをクリックします。
   - macOSの場合は、Finderでzipファイルをダブルクリックします。

本書で解説するプログラムのディレクトリ構造を以下に示します。

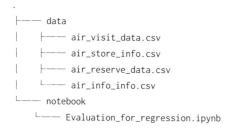

```
.
├── data
│   ├── air_visit_data.csv
│   ├── air_store_info.csv
│   ├── air_reserve_data.csv
│   └── air_info_info.csv
└── notebook
    └── Evaluation_for_regression.ipynb
```

▌2.2.2　データセットの説明

　このデータセットは、飲食店の口コミサービス「ホットペッパーグル
メ」[*1]、飲食店のPOSサービス「AirREGI」[*2]、予約ログ管理ソフト「レストラ
ンボード」[*3]などから集めたデータで構成しています。本章においては
air_visit_data.csvとair_store_info.csvにある以下のコラムを使用します。

- air_visit_data.csv
  - air_store_id：店舗ID
  - visit_date：日付
  - visitors：日付 (visit_date) において店舗 (air_store_id) に来店した客数

- air_store_info.csv
  - store_id：店舗ID
  - air_genre_name：レストランのジャンル名 (イタリアン/フレンチなど)
  - air_area_name：その店舗が所属するエリア名
  - latitude：その店舗が所属するエリアの緯度
  - longitude：その店舗が所属するエリアの経度

　次項から、回帰モデルを用いて来店客数予測モデルを作成、その来店客

---

*1　https://www.hotpepper.jp
*2　https://airregi.jp
*3　https://airregi.jp/restaurant-board/

数の予測結果に基づいて仕入れた食材の数と実際に来店した人数の結果から飲食店の収益を計算してみましょう。機械学習やデータサイエンスの意味での評価だけではなく、実際の利益計算にまで踏み込む点が本書ならではのポイントです。

▎2.2.3　前処理とシミュレーション

まず、Kaggleのデータセットを整形します。本章では簡単のためにある1店舗のみの来店客数を予測するとして、店舗を絞ることにします。もし、すべての店舗に対して予測を行う必要があるならば、ここで紹介している"回帰モデル構築→予測"の流れをすべての店舗に対して適用することになります。

```python
# air_visit_data.csvをpandasのDataFrameの形式で読み込む
air_visit = pd.read_csv("air_visit_data.csv")

# 店舗ごとに総来店客数を算出
visiter_counts_by_store = (
    air_visit.groupby("air_store_id")["visitors"]
    .sum()
    .reset_index()
)

# 総来店客数が多い上位5店舗だけ表示
visiter_counts_by_store.sort_values(
    "visitors", ascending=False
).reset_index(drop=True).head(5)
```

結果は以下のようになります。

	air_store_id	visitors
0	air_399904bdb7685ca0	18717
1	air_f26f36ec4dc5adb0	18577
2	air_e55abd740f93ecc4	18101
3	air_99157b6163835eec	18097

```
4   air_5c817ef28f236bdf       18009
```

　ここでは例として特段の強い理由なく累積訪問客数visitorsが最大
（18,717人）の飲食店であるstore_idがair_399904bdb7685ca0の店舗を用
います。異なるstore_idを設定すると、その他の店舗でも同様の分析を
実行できます。

```
# 店舗 air_399904bdb7685ca0 の日ごとの来店客数を6日分だけ表示
air_visit.query(
    'air_store_id == "air_399904bdb7685ca0"'
).reset_index(drop=True).head(6)
```

```
          air_store_id  visit_date  visitors
0   air_399904bdb7685ca0  2016-01-05         4
1   air_399904bdb7685ca0  2016-01-06        15
2   air_399904bdb7685ca0  2016-01-07        26
3   air_399904bdb7685ca0  2016-01-08        75
4   air_399904bdb7685ca0  2016-01-09        91
5   air_399904bdb7685ca0  2016-01-10        15
```

　出力から、store_idがair_399904bdb7685ca0の店舗の日付と客数デー
タが確認できます。
　プログラム上で扱いやすくするため、変数air_visit_maxとして
air_399904bdb7685ca0のデータを保持します。

```
# air_visit_maxの変数に
# 店舗 air_399904bdb7685ca0 の日ごとの来店客数を全量格納
air_visit_max = air_visit.query(
    'air_store_id == "air_399904bdb7685ca0"'
).reset_index(drop=True)
```

　回帰モデルを作成するといったデータ分析のプロセスに入る前に、実際
のデータを確認することは重要です。「どういう時期のデータなのか？」
「平均的な水準はどの程度なのか？」「どの程度欠損・異常値があるの
か？」など、事前に知っておくべき多数の情報があるからです。ここでは

まず、データが取得されている時期を確認しましょう。

```
# 以降では何日分のデータが含まれるかを算出
# 店舗 air_399904bdb7685ca0 のデータのうち最新の日付を取得
latest_date = datetime.strptime(
    air_visit_max.visit_date.max(), "%Y-%m-%d"
)
# 店舗 air_399904bdb7685ca0 のデータのうち最も昔の日付を取得
oldest_date = datetime.strptime(
    air_visit_max.visit_date.min(), "%Y-%m-%d"
)
# 店舗 air_399904bdb7685ca0 のデータに何日分含まれているか
# (最も昔の日付から最新の日付までの日数)を算出して表示
print(latest_date - oldest_date)
# 店舗 air_399904bdb7685ca0 に含まれているデータの期間を表示
print(
    f"{datetime.strftime(oldest_date, '%Y年%m月%d日')}～{datetime.
strftime(latest_date, '%Y年%m月%d日')}"
)
```

　結果は以下のようになり、2016年1月5日〜2017年4月22日の473日分のデータがあることがわかります。

```
473 days, 0:00:00
2016年01月05日～2017年04月22日
```

　次に、参考までにこの店舗の情報を見てみましょう。

```
# 店舗情報が含まれている air_store_info.csvというファイルを
# pandasのDataFrameの形式で読み込む
air_store = pd.read_csv("air_store_info.csv")
# 店舗 air_399904bdb7685ca0 の情報を表示
air_store.query('air_store_id == "air_399904bdb7685ca0"')
```

　結果は以下のようになります。大阪の久太郎町エリアにある、イタリアン／フレンチの店舗のようです。データの背後にある生成メカニズムを考えるためにも、このような補足情報を知ることも重要です。できるだけ分

析を始める前に意識的にチェックしておきましょう。

	air_store_id	air_genre_name	air_area_name	latitude	longitude
92	air_399904bdb7685ca0	Italian/French	Ōsaka-fu Ōsaka-shi Kyūtarōmachi	34.6813	135.51

さて、ここまでの段階で、予測したい店舗（store_id：air_399904bdb7685ca0）の来店客数を含む情報が取得できました。続いて、飲食店の運営をシミュレーションするため、いくつか仮定を置きます。まず11：00〜22：00（11時間）まで営業している飲食店だと仮定すると

- データ期間：473日分
- 累積来店客数：18,717人

であったことから、1時間あたりの来店客数は以下のように算出できます。

$$18,717\,人/(473\,日 \times 11\,時間) \sim 3.60\,人/時間$$

1日の来店客数はおおよそ18,717人/473日でおおよそ40人といったところです。

この数値をふまえて、以下のようにアルバイト人数とその時給、客単価、原価、店舗賃料に仮定を置きました。

- アルバイト人数：3人
- アルバイト時給：1,500円
- 客単価：5,000円
- 原価：2,000円[4]
- 店舗賃料：250,000円
- 営業時間：11時間

ここでは回帰モデルを用いた施策として"来店客数（予測値）の月次予測

---

[4] 原価は、経産省の資料「中小小売業・サービス業の生産性分析」のP6「中小企業 営業費用の構造（売上高原価率・売上高販管費率）」に記載のある飲食店の売上高原価率を参考にしています。https://www.meti.go.jp/shingikai/sankoshin/keieiryoku_kojo/pdf/005_04_00.pdf

値に合わせて材料（食材）の発注を行う"を考えることとします。利益を最
大化することが目的である、と本章の冒頭で述べましたが、この施策の結
果として、できるだけ利益を最大化するということです。月次の利益を計
算するため、以下のように計算式を仮定します。来店客数、営業日数、賃
店舗賃料などの数値もそれぞれある月の値だと考えてください。また、上
述のように材料の発注も月次単位であらかじめ量を決めて発注し、月初に
その月の分をまとめて受け取るものとします。

- 月次利益＝売上 − 費用
- 売上＝客単価 × min（来店客数（実測値），来店客数（予測値））
- 費用＝固定費＋変動費
- 固定費＝人件費＋店舗賃料
- 変動費＝材料費
- 人件費＝アルバイト時給 × アルバイト人数 × 営業時間 × 営業日数
- 材料費（原価）＝ 1 人当たり原価 × 来店客数（予測値）

　売上の計算が min（来店客数（実測値），来店客数（予測値））と少々込み
入っているのは、来店客数（予測値）を少ない値として予測した場合、材
料がなくなり閉店するというビジネスとしてありえそうな制約を取り入れ
たいからです。ここで、この売上が唯一無二の絶対正しい数式の立て方で
あるという主張では**ない**点に注意してください。これはあくまで"材料が
なくなったら閉店する"というビジネス上での制約となる運営スタイルを
採用し、利益計算に反映させただけの話です。例えば、閉店させるのでは
なく

- 近隣のスーパーですぐに材料を調達できる（その分バイトの時給を上
  げたり、人を増やしたりする必要があるかもしれません）
- 「今月は材料がなくなりそうだな」と判断したタイミングで発注をか
  ける（やや割高にはなるかもしれません）

などを考えることもできるでしょう。

　さて、この関係式において、"来店客数（予測値）に応じて変動し得るのは、売上と材料費だけ"となっている点に着目してください。より実務的な観点を導入するのであれば、予測された来店客数に応じてアルバイトのシフトや人数そのものを調整することを考えるべきで、人件費は変動費として考えなければなりませんが、ここでは簡便のためにこの調整は考えず、人件費は固定費として扱います。また、現実的ではありませんが、計算を簡単にするために、材料の発注も月次単位であらかじめ量を決めて発注するとします。

　仮定で置いた数を当てはめると、以下のようになります

$$利益 = 5,000 \times min(来店客数（実測値）, 来店客数（予測値）)$$

$$-1,500 \times 3 \times 11 \times 日数$$

$$-2,000 \times 来店客数（予測値）$$

$$-250,000$$

この利益をうまく最大化できるような回帰モデルを求めること、および利益を最大化するためにはどのような評価指標を用いてモデルを評価すればよいのかに答えることが本章の目的です。

　次節以降で本書のテーマである評価指標を解説していくために、来店客数予測モデル（以下、予測モデル）を構築しましょう。本章で予測モデルが必要になる理由は、予測モデルを用いることで今後の来店客数を予測し、予測された来店客数に応じて材料費を決めるためです。ここでは2つのモデルを用意します。1つは予測対象である来店客数を対数[*5]にしたもの（以下、モデル1とします）、もう1つは来店客数を対数にせずにそのまま学習したもの（以下、モデル2とします）です。ここでは「来店客数なので正の値しかとらないようにしたい」や「logスケールにすることによって極端な数値の影響を低減できるだろう」といったことを期待し、対数をとったモデルとの比較を行います。

[*5]　正確には来店客数に1を足した値を e（ネイピア数）を底とする自然対数としたものです。ただ自然対数をとる場合に比べて、来店客数が0であっても対数の負の無限大への発散を防ぐことができます。

```
# 来店客数に対数をとった場合のデータセットを
# 学習に使う特徴量と目的変数をLightGBM用のDatasetに格納
lgb_train_log = lgb.Dataset(train_log[predictors_log], target_log)
# LightGBMを学習
gbm_log = lgb.train(params, lgb_train_log, 1000)
# LightGBMのモデルを使ってテスト用の特徴量から来店客数を予測
pred_log = gbm_log.predict(test_log[predictors_log])


# 来店客数のデータセットを学習に使う特徴量と目的変数を
# LightGBM用のDatasetに格納
lgb_train = lgb.Dataset(train[predictors], target)
# LightGBMを学習
gbm = lgb.train(params, lgb_train, 1000)
# LightGBMのモデルを使ってテスト用の特徴量から来店客数を予測
pred = gbm.predict(test[predictors])
```

　ある1店舗での予測結果なので、飲食店のジャンルごとの特徴量など、不要な項目は削除します。

　次節から、この2つの回帰モデルについて、まずは教科書的、かつデファクトスタンダードな評価指標で評価していきます。この過程を通じ、データサイエンス業界でしばしばお目にかかる評価指標について一通り知ることができます。また、本章の最後では、来店客数予測モデル構築において使うべき評価指標は何だったのかについて考察し、利益を最大にするために用いるべき評価指標を導出します。この記述は、第1章において述べた評価指標とビジネスで用いられるKPI、いかにこの2つをうまくつなげられるかを示す例となっています。

　教科書的な評価指標は、おおまかに"すべての実測値を平等に評価するか、ある特定の実測値について評価を変えるか"の2つに分けられます。まずは前者の全予測値の誤差を平等に評価し、予測値全体の誤差をできるだけ小さくしたい場合の評価指標について解説します。

2.3 平均絶対誤差

平均絶対誤差（Mean Absolute Error；MAE） は予測値と実測値の差の絶対値の平均であり、解釈としては"平均的な誤差の大きさ"を表します。平均的な誤差の大きさである、と述べていることからもわかるように、この評価指標は"より小さい値をとる方が望ましい"指標です。したがって、MAEの値は0に近いほど良い（予測精度が高い）と言えます。数式で表すと以下のように書けます。

$$MAE = \frac{1}{N} \sum_{i=i}^{N} |y_i - \hat{y_i}|$$

ただしここで、y_i は i 番目の実測値、$\hat{y_i}$ は i 番目の説明変数から得られる予測値、N はデータ数（サンプルサイズ）を表します。以降、他の評価指標の説明においてもこの表記を用います。

MAEを用いる利点はその理解のしやすさです。二乗や指数などの非線形な関数が計算の過程に入ってこず、単純に予測値と実測値の差の絶対値しか計算しないので、「あぁ、平均的に予測値はこのくらいずれるのだなぁ」と人間にとって直感的で理解しやすい形になっています。

MAEの欠点としては、その数式に絶対値が含まれていることです。数学的な表現としては正しいのですが、これをコンピュータに載せて勾配降下法など勾配を計算する手法を用いて直接的に最適化しようとする場合には問題が生じます。なぜなら、絶対値の中身が0になる点において、数学的に微分不可能になり勾配が計算できないからです。このような場合には劣微分を用いた勾配法（劣勾配法）などを使用する必要があります。使用しているライブラリが劣微分に対応しているかチェックしておくとよいでしょう。

また、後述する誤差の二乗を計算する評価指標に比べると、大きく予測をはずした予測値と実測値の組合せを重要視しないという特徴があります。大きくはずしたケースを重視しないということは、外れ値の影響を受けにくい特徴があると言えます。逆に、MAEを評価指標に選択してモデ

ルを選ぶと、大きくはずした組合せを重視しないという意味でモデルの外れ値への当てはまりが悪くなるので、最大誤差が大きくなる傾向があります。

　また誤差の大きさだけを評価している点にも注意が必要です。例えば、仮に誤差が同じ100だとしても、以下のように、はずしている箇所の実測値／予測値の範囲が大きく異る場合があるからです。

- 実測値：101、予測値：1
- 実測値：10101、予測値：10001

　同じデータに対して複数のモデルで予測している場合には、どの範囲で予測がはずれているのかをその都度確認するとよいでしょう。その後、予測対象のドメイン知識を組み合わせて、その誤差が許容できるかを判断することになります。

　モデル1とモデル2、それぞれのMAEを算出してみましょう。本書で使用しているscikit-learnでは、MAEはsklearn.metricsにmean_absolute_error関数として実装されています[6]。

```
# 教師データである来店客数に対数をとった場合
mae_log = f"{mean_absolute_error(test['visitors'].values,np.expm1(pred_
log)):.3f}"
# そのままの来店客数の場合
mae = f"{mean_absolute_error(test['visitors'].values,pred):.3f}"

print(
    pd.DataFrame(
        [[mae_log, mae]],
        columns=["モデル1", "モデル2"],
        index=["mae"],
    )
)
```

---

* 6　https://scikit-learn.org/stable/modules/generated/sklearn.linear_model.LinearRegression.html

結果は以下のようになりました。

	モデル1	モデル2
mae	10.574	10.727

　モデル1、モデル2ともに11程度のMAEとなりました。これは"モデル1と2両方の出力する予測値が平均的に見て±11程度ずれ得る"ということを意味しています。MAEで見ると、2つのモデルには大きな差がなかったと言ってよいでしょう。また、来店客数の1日の平均値がおおよそ40人ということを考えると、それに比べて大きな誤差であると言うこともできます[*7]。

　モデルの良し悪しの解釈のコツとしては「この差（今回の場合、10.574と10.727）が意味のあるものなのか？」という問いを考えてみることです。1章でも述べましたが、この差が意味あるものか否かは読者が解こうとしている問題のドメインに強く依存するため一概に言うことはできません。ここでは"飲食店への来店客数の人数を予測していた"というドメイン知識がありますから、それに基づいて判断すると、10.5人なのか10.7人なのかは1人未満のズレ、結果として来店客数が1人ズレるかズレないかなので大した問題にならない考えてよいでしょう。

2.4 平均絶対パーセント誤差

平均絶対パーセント誤差（Mean Absolute Percentage Error；MAPE） では、実測値の大きさあたりの予測誤差の大きさを評価します。この指標もMAE同様、0に近いほど良く、予測精度が高くなる指標です。数式は以下の通りです。

$$MAPE = \frac{1}{N} \sum_{i=i}^{N} | \frac{y_i - \hat{y}_i}{y_i} |$$

＊7　モデルの改善の余地は大いにありそうですが、本書の主眼ではないので、ここでは議論しません。

　MAPEは実測値の大きさに対する予測値の平均的な誤差の"割合"で評価します。割合で評価することのメリットは、**異なる**対象に対する**同じ**モデルの予測値の比較ができるという点です。これは**同じ**対象に対する**異なる**モデルの予測値の比較とは違うので注意してください。例えば、本章ではある1店舗に対するレストランの来店客数予測を例に説明を行っていますが、仮にこれが2店舗（異なる対象）だったとしましょう。店舗1は1日の平均的な来店客数が100人の繁盛店である一方、店舗2は1日の平均的な来店客数が3人の閑古鳥が鳴いている店であったとしましょう。そしてこの来店客数を予測するために適当な予測モデルを1つ（2つでも同じです）作ったとしましょう。このとき、仮に評価指標としてMAPEではなくMAE（あるいはこの後に説明するRMSE）を採用した場合に何が起きるでしょうか？　まっとうな腕のデータサイエンティストが作ったモデルであれば、店舗2のMAEの方がほぼ確実に小さくなります。これはなぜかというと、「元の平均的なスケール（来店客数）が100人と3人で大きく異なるから」です。自身がモデルを作成したとき、どの程度予測がはずれるか想像してみるとよいでしょう。店舗2の場合は予測をはずしたとしてせいぜい±2（人）程度となるでしょうが、店舗1の場合は±10人程度ははずしそうです。したがって、MAEだけを用いて「店舗2の方が店舗1に比べて、よく予測できている（したがって店舗2用の予測モデルの方が優秀である）」という主張をすることはできないのです。一方、MAPEを用いると"予測が平均的に○○％ずれる"という無次元量（単位がないという意味です）で比較することになるので、このような問題は生じません。MAPEは「"％"での比較であって、単位を持った量（人数・金額、など）の比較ではない」と覚えるとよいでしょう。

　割合での評価は解釈性の観点からも有用です。例えばビジネスにおいては「昨年度比で○○％売上が上がった」「我社のシェアが○○％になった」など割合（％）で表すことが多々あります。ビジネスパーソンは割合という概念に慣れているため、データサイエンティストが「予測精度（MAPE）が○○％改善した」と述べた場合にも理解を示してくれる傾向にあります。ただしMAPEは、実測値が0をとる場合は分母が発散してしまうため使用できないことに注意してください。

　scikit-learnでは、MAPEはライブラリとして実装されており[8]、チュートリアルをもとにすると以下のように書けます。

```
# 教師データである来店客数に対数をとった場合
mape_log = mean_absolute_percentage_error(
    test["visitors"].values, np.expm1(pred_log)
)
# そのままの場合
mape = mean_absolute_percentage_error(
    test["visitors"].values, pred
)

print(
    pd.DataFrame(
        [[mape_log, mape]],
        columns=["モデル1", "モデル2"],
        index=["mape"],
    )
)
```

　結果は以下のようになりました。

	モデル1	モデル2
mape	0.577	0.621

　モデル1では57.7％、モデル2では62.1％と差が生じました。これはモデル1とモデル2がそれぞれ実測値に対して平均的に57.7％と62.1％程度乖離していることを意味します[9]。

　MAEとMAPEは、予測値全体の誤差を特段の重みを付けずに平等に評価して、その誤差をできるだけ小さくしたいときに使用する評価指標です。一方で、回帰モデルによっては、予測値が実測値に比べて大きな誤差を出してしまう場合もあります。

---

[8] https://scikit-learn.org/stable/modules/generated/sklearn.metrics.mean_absolute_percentage_error.html
[9] 繰り返しになりますが、モデルの改善の余地は大いにありそうですが、本書の主眼ではないので、ここでは議論しません。

　次節からは"誤差を強調"して、モデルの性能を測る評価指標を紹介します。誤差を強調して評価するというと大げさに聞こえますが、これは誤差そのものを用いず、そのべき乗であったり加重平均をとったりするということです。

2.5　二乗平均平方誤差

　誤差を強調する評価指標として、**二乗平均平方誤差（Root Mean Squared Error；RMSE）**があります。数式では以下のように表せ、予測値と実測値の差の二乗和を算出して平方根をとり算出してます。RMSEの平方根をはずしたものは平均二乗誤差（Mean Squared Error；MSE）と呼ばれます。この指標もMAE同様、0に近いほど良い（予測精度が高い）ものです。

$$RMSE = \sqrt{\frac{1}{N} \sum_{i=i}^{N} (y_i - \hat{y}_i)^2}$$

　MAEは"絶対値をとる"ことで予測値からズレである誤差を表現していましたが、RMSEでは"二乗する"ことで予測値からのズレを表現している点が大きな違いです。二乗することで大きな誤差となっている箇所が小さな誤差の箇所よりも強調されるされているという意味で誤差が強調され、大きな誤差となっている箇所への当てはまりがよくなる傾向にあります。例えば絶対値で算出した誤差が2と3である場合、誤差の差としては1、比率としては1.5です。それぞれを二乗すると4と9、誤差の差としては5、比率としては2.25となり、大きな誤差をより強調する形になり、モデル改善の際には誤差が9となっている箇所の当てはまりをよくしようとするからです。MAEの算出には絶対値があるため最適化計算で使用しにくい一方、RMSEではその問題が生じないためにこちらを用いるという話もありますが、この評価指標がしばしば用いられる理由としては、なんといってもその伝統でしょう。モデルをここで例として使用している

LightGBMではなく線形回帰モデルを仮定すると、この評価指標が最も良くなるように、最小二乗法で求めた推定量は最良線形不偏推定量[*10]になることがガウス=マルコフの定理から保証されているという安心感だと筆者は考えます。

MAEとの比較で説明すると、誤差を二乗するため、"予測を大きくはずしてしまい、誤差が大きくなってしまった"ケースに高いペナルティが課されることになります。シンプルに言うと、予測結果としての外れ値がRMSEを大きくするということです。また"誤差の大きさ"だけを評価している点はMAEと同じであり、同様の注意が必要です。

scikit-learnでは、RMSEはmean_squared_errorライブラリで実装されており[*11]、以下のように書けます。

```python
# 来店客数に対数をとった場合
rmse_log = mean_squared_error(
    test["visitors"].values,
    np.expm1(pred_log),
    squared=False,
)
# そのままの来店客数の場合
rmse = mean_squared_error(
    test["visitors"].values, pred, squared=False
)

print(
    pd.DataFrame(
        [[rmse_log, rmse]],
        columns=["モデル1", "モデル2"],
        index=["rmse"],
    )
)
```

結果は以下のようになります。

---

* 10　Best Linear Unbiased Estimator；BLUE。要するに、推定されたパラメータがバイアスがなく、かつ最も推定誤差が小さいということです。

* 11　https://scikit-learn.org/stable/modules/generated/sklearn.metrics.mean_squared_error.html

	モデル1	モデル2
rmse	14.334	14.565

2.6　対数平均二乗誤差

対数平均二乗誤差 (Root Mean Squared Log Error；RMSLE) は、RMSE
と同様に誤差を強調する評価指標です。算出方法としては、予測値と実測
値のそれぞれに1を加算したものの対数をとり、その平均平方二乗誤差を
求めます。対数をとりスケールが調整されるため、実測値の範囲が大きい
データに対する学習に利用するとよいでしょう。この指標も MAE 同様、
0に近いほど良い（予測精度が高い）と言えます。

$$RMSLE = \sqrt{\frac{1}{N}\sum_{i=1}^{N}\{\log(y_i+1)-\log(\hat{y}_i+1)\}^2}$$

対数同士の引き算は割り算になるので、誤差の割合として評価できま
す。

$$\log(y)-\log(x) = \log(\frac{y}{x}), x,y \in \mathbb{R}$$

RMSLE の特徴としては、回帰モデルが実測値に比べて、より大きい値
を予測することよりも、より小さい値を予測する場合に悪化するという点
です。例えば同じ実測値10に対し、予測値が15と5の2パターンがあった
場合、以下のように算出できます。

$$\log(10+1)-\log(15+1))^2 = 0.14$$
$$(\log(10+1)-\log(5+1))^2 = 0.37$$

誤差の絶対値が両方とも5（15-10と10-5）だとしても、予測値が5の場
合の方が RMSLE の算出で加算される項の値が大きくなっていることがわ
かります。したがって、"実測値に比べて小さな予測値を出したくない場
合"の評価指標として RMSLE は有効です。これはビジネスへの応用とし

ては、例えば販売数の予測モデルを作っているとして、在庫切れ（過小評価）よりも在庫過剰（過大評価）の方が現場として許容できる場合に相当します。

scikit-learnではライブラリとして実装されています[*12]。

```python
# 来店客数に対数をとった場合
rmsle_log = mean_squared_log_error(
    test["visitors"].values,
    np.expm1(pred_log),
    squared=False,
)
# そのままの来店客数の場合
rmsle = mean_squared_log_error(
    test["visitors"].values, pred, squared=False
)

print(
    pd.DataFrame(
        [[rmsle_log, rmsle]],
        columns=["モデル1", "モデル2"],
        index=["rmsle"],
    )
)
```

結果は以下のようになります。

	モデル1	モデル2
rmsle	0.559	0.545

RMSEの結果と比較すると、モデル1とモデル2の大小関係が逆転していることがわかります。これはRMSEが誤差を二乗するため、外れ値の影響を強く受ける一方、RMSLEは誤差の算出に対数を用いており、結果として誤差が大きくなってもその影響を強く受けないことに起因しています。このように「何を重視するか？（平均的な性能か？ 外れ値の影響度合

[*12] https://scikit-learn.org/stable/modules/generated/sklearn.metrics.mean_squared_log_error.html

いか?　など)」に応じて評価指標、およびその結果としてのモデルの良し
悪しは変わってくるのです。

2.7　モデルの評価

本節では、これまで述べてきた評価指標を一覧で示した後、これらの結
果をどう解釈すればよいのかについて紹介します。本書の醍醐味であり、
また主眼でもある"ビジネスとデータサイエンスの架け橋"としてふさわ
しい評価指標を導き出します。

2.7.1　評価指標の比較

ここまで紹介した評価指標の結果を表2.1にまとめます。

▼表 2.1／回帰の評価指標の比較

	モデル1	モデル2
MAE	10.574	10.727
MAPE	0.577	0.621
RMSE	14.334	14.565
RMSLE	0.559	0.545

本章で紹介した回帰の評価指標は小さい値をとった方が良いと述べまし
た。表2.1からは、モデル1はMAE、MAPE、RMSEの意味において良い
モデルであることがわかり、全体的に誤差が少なく予測され、かつ予測を
大きくはずしているケースが少ないことがわかります。一方で、RMSLE
においてはモデル2よりも値が大きくなっています。したがって、どの評
価指標を採用するかに応じて、結果として採用するモデルも異なるという
状況です。では、ビジネスの観点からはどのモデルを採用するべきでしょ
うか?　これに答えるために、利益計算をすることで評価を試みます。

■ 2.7.2　モデルの解釈

まずはモデル1です。ある月の予測値と実測値の合計は以下のようになりました。

```
# テスト用データの実際の合計来店客数と来店客数に対数をとった場合
print(
    test["visitors"].sum(),
    np.expm1(pred_log).sum(),
)
```

```
724 703.510
```

実測値724人に対して、703人来店すると予測しています。予測値が実測値よりも小さいので、これに則って食材を用意すると、およそ30人分の機会損失が発生してしまいます。この場合、月の後半の営業時間を短くするか、あるいは食材を急遽発注する必要があります。ここでは、月の後半の営業時間を短くし、かつ、アルバイトには急なスケジュール変更なので謝罪の意味も込めて給料を払っておくとすると、利益計算は以下のような結果になります。

利益 $= 5{,}000 \times 703 - (1{,}500 \times 3) \times 11 \times 27 - 2{,}000 \times 703 - 250{,}000 = 522{,}500$

続いて、モデル2の予測値と実測値は以下のようになります。

```
# テスト用データの合計来店客数と来店客数のデータセットをそのまま使った場合
print(test["visitors"].sum(), pred.sum())
```

```
724 794.712
```

実測値724人に対して、794人来店すると予測しています。モデル1のような機会損失はありませんが、余分な食材を持ってしまいました。利益計算は以下のようになります。

利益 $= 5{,}000 \times 724 - (1{,}500 \times 3) \times 11 \times 27 - 2{,}000 \times 794 - 250{,}000 = 445{,}500$

　結果を比較すると、材料が不足し営業できないという多少の機会損失があったとしても、来店客数が下振れする方向に予測しておくと、余分な在庫を持たない分だけより多くの利益が得られたと解釈できます。この結果は、余分な食材を持ちすぎていたというその持ちすぎ度合に影響されるものであり、一般的な結論ではない点に注意してください。

　この結果についてもう少し詳しく解説するために、日次の実測値とモデル1の予測値を確認します。

	date	visitors	visitors_pred_lgbm_rmsle
5	2017-04-01	22	44.0399
6	2017-04-02	27	15.551

　実測値にはばらつきが存在するため、実測値よりも予測値が大きくなっていたり、小さくなっていたりする日もあります。コンビニエンスストアの弁当・おにぎりのように賞味期限が短く、当日のうちに商品を廃棄しなければならないのであれば、大量の廃棄ロスが予想されます。そういった業種の場合は、予測モデルの改善、あるいは月次ではなく日次の需要に応じて毎日発注量を調整するなど、発注方法の改善が求められるでしょう。

　次に、月次の収益を目標にしている店舗を想定します。まずは各日が第何週に該当するかの情報を付与します。

```python
# 来店日からウィークナンバー（週番号）を取得
weeks = [
    datetime.strptime(eval_day, "%Y-%m-%d")
    .isocalendar()
    .week
    for eval_day in test["visit_date"]
]
# ウィークナンバー（週番号）をカラムに追加
test["weeks"] = weeks
# 来店客数に対数をとった場合の予測した値をカラムに追加
test["pred_log"] = np.expm1(pred_log)
```

```
# そのままの来店客数の場合の予測した値をカラムに追加
test["pred"] = pred
```

　週ごとの予測値、実測値を比較できるように集計しておきます。

```
# 合計来店客数を集計
weekly_sum_log = (
    test.groupby("weeks")[
        ["visitors", "pred_log"]
    ]
    .sum()
    .reset_index()
)
```

　予測値と実測値を比較し、実際に飲食店としてサービス提供できた人数（true_visitors）を新たな列として作成します。

```
# モデルの予測した合計来店客数の方が実際の合計来店客数より多い場合は
# 実際の合計来店客数をtrue_visitorsに格納
# そうでない場合はtrue_visitorsに格納
weekly_sum_log["true_visitors"] = np.where(
    weekly_sum_log["pred_log"] > weekly_sum_log["visitors"],
    weekly_sum_log["visitors"].astype(int),
    weekly_sum_log["pred_log"].astype(int),
)
```

　週次の収益を計算します。賃料は5週分を割り当てたので5で割ります。

```
# 週ごとの利益を計算
weekly_sum_log["weekly_profit"] = (
    5000 * weekly_sum_log["true_visitors"]
    - (1500 * 3) * 11 * 7
    - 2000 * weekly_sum_log["pred_log"]
    - 250000 / 5
)
```

```
# 週ごとのレポートを表示
weekly_sum_log[
    [
        "weeks",
        "true_visitors",
        "pred_log",
        "weekly_profit",
    ]
]
```

モデル1の結果は以下のようになりました。

	weeks	true_visitors	pred_log	weekly_profit
0	13	188	188.076	167348.0
1	14	157	198.292	8080.0
2	15	139	139.298	19904.0
3	16	171	177.845	102812.0

同様に、モデル2の結果です。

```
# 合計来店客数を集計
weekly_sum = (
    test.groupby("weeks")[["visitors", "pred"]]
    .sum()
    .reset_index()
)


# モデルの予測した合計来店客数の方が実際の合計来店客数より多い場合は
# 実際の合計来店客数をtrue_visitorsに格納
# そうでない場合はtrue_visitorsに格納
weekly_sum["true_visitors"] = np.where(
    weekly_sum["pred"] > weekly_sum["visitors"],
    weekly_sum["visitors"].astype(int),
    weekly_sum["pred"].astype(int),
)


# 週ごとの利益を計算
```

```python
weekly_sum["weekly_profit"] = (
    5000 * weekly_sum["true_visitors"]
    - (1500 * 3) * 11 * 7
    - 2000 * weekly_sum["pred"]
    - 250000 / 5
)

# 週ごとのレポートを表示
weekly_sum[
    [
        "weeks",
        "true_visitors",
        "pred",
        "weekly_profit",
    ]
]
```

	weeks	true_visitors	pred	weekly_profit
0	13	215	215.165	248168.0
1	14	157	207.984	27470.0
2	15	169	172.035	104430.0
3	16	171	199.528	59444.0

　日ごとの利益計算と同様に、週によっては利益がマイナスになることがあります。この事例で見ると、利益のマイナスの大きさはモデル1よりモデル2の方が大きいことがわかります。ここでも、利益のマイナスの度合いによっては予測モデルの改善が求められることになります。一方で、モデル2は機会損失の程度が少ないこともあり、マイナスの週を除けば高利益となっていることがわかります。来店客数を過小に予測すると、過剰な材料に起因する損失が抑えられるのでよいと考える一方で、ある程度大きく来店客数を予測すると、損失は大きいが利益も期待できるので、ビジネスとして許される許容損失の範囲内問題ないと考えることもできます。

　以上で回帰問題の評価指標とその性質、データセットを用いた回帰モデルの作成とそれを用いたさまざまなケースでの収益計算を試してきました。各評価指標の特性を押さえて予測モデルを作ることが重要であることがわかったと思います。

また評価指標による予測モデルの精度に加え、追う評価指標、その誤差の許容範囲によって予測モデルの改善が求められることもあるのではないでしょうか。

2.8 真に使うべき評価指標

ここまでMAE・MAPE・RMSE・RMSLEといった教科書的な評価指標に基づいてモデル1と2を評価してきました。評価指標によっては、モデル1と2のモデルの良さの大小関係が逆転しており、どちらのモデルを採用すべきか理解に苦しむ場面もありました。この問題の根本は"最大化したいと考えている利益と、評価指標が結びついておらずわかりにくい"点に尽きます。「MAEやRMSEなどの評価指標が1上がった場合、利益が1上がるのか2上がるのか不明瞭である」と言い換えてもよいでしょう。

本節においては、利益計算と評価指標をどう結びつけるかの考え方を紹介します。本章においては、ある飲食店の月次の利益計算を以下のように仮定していました。

$$利益 = 5,000 \times min(来店客数(実測値), 来店客数（予測値）)$$
$$-1,500 \times 3 \times 11 \times 日数$$
$$-2,000 \times 来店客数（予測値）$$
$$-250,000$$

まず、この利益計算を予測値に依存する部分と予測値に依存しない部分に分けます。

$$利益 = 5,000 \times min（来店客数（実測値）, 来店客数（予測値）)$$
$$-2,000 \times 来店客数（予測値）$$
$$+予測値に依存しない部分$$

この数式をさらに以下のように整理します。

$$利益 = 5,000 \times min\left(\left(来店客数（実測値）, 来店客数（予測値）\right)\right.$$
$$-2/5 \, 来店客数（予測値）+ 予測値に依存しない部分$$
$$= 5,000 \times min\left(来店客数（実測値）- 来店客数（予測値）, 0\right)$$
$$+3/5 \, 来店客数（予測値）+ 予測値に依存しない部分$$

したがって、月次の来店客数（実測値）と 来店客数（予測値）[*13]をそれぞれ $y, \hat{y}$ と書くと、利益を最大にしたいのならば余計な係数や予測値に依存しない項を除外すると

$$min(y - \hat{y}, 0) + \frac{3}{5}\hat{y}$$

という関数系をした評価指標を最大にするようなモデルを選択するのが正しいことになります。この教科書的な答えとはまったく異なる、見たこともない評価指標が「利益を最大化するための評価指標は何か？」という問いに対する答えなのです。この評価指標は利益に直結しているため、MAEやRMSEなどの評価指標とは異なり"大きい"方が良いという点に注意してください。もし、本章で紹介した他の評価指標と整合的にしたい場合には、全体を−1倍して小さい方が良いという指標に変更します。第1章において「ビジネスに応じて評価指標を設計する必要がある」と何度も言及していた意味がおわかりいただけたのではないでしょうか。

この評価指標の形を見てみます。来店客数（実測値）を10人に固定したうえで、縦軸に利益、横軸に来店客数（予測値）をとって描画します（図2.3）。

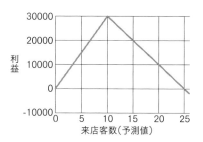

■ **図 2.3**／来店客数（実測値）を10人とした場合の利益

---

* 13　日次の来店客数（予測値、実測値ともに）の和です。日次での予測・材料調達を行う場合、ここで示した数式とは少し異なる形になります。

図2.3からは以下が読み取れます。

- 来店客数（予測値）が10人になるまでは、来店客数（予測値）が1増えるにつれて利益が3,000円増える
- 来店客数（予測値）が10人を超えると過剰食材在庫になり、予測値が実績値から1乖離するごとに、余分な材料を発注してしまうため、利益が2,000円ずつ（食材費）減る

「予測がどんぴしゃで当たって実績値と等しくなったポイントが利益を一番最大化できるであろう」と、なんとなく思っていた結果とも整合的ですし、上述のグラフ（図2.3）の解釈も直感的にわかりやすい内容です。

図2.3のグラフはMAEで用いられる絶対値のグラフに近しい一方、MAEのように左右対称なグラフになるのではなく、来店客数（実測値）の値を境にグラフの形状が非対称になっている点がポイントです。つまり"来店客数を過小評価した場合と過大評価した場合の利益インパクトが違う"ということです。この非対称性は"そもそものビジネスとして何を仮定しているのか"に依存して決定され（ここでは材料が足りない場合は早期に閉店するのでした）るものであり、データサイエンスや機械学習からは決めることができないデータサイエンスの外側にある問題だという点に注意が必要です。この非対称性はどこからくるのでしょうか？ 非対称性とは、より正確にいうと「グラフの傾き」のことです。このそれぞれの傾きはこのビジネスの利益（1人お客さんが来ると3000円儲かる）と原価（材料費はお客さん1人ごとに2000円）を反映した形状になっています。このビジネスからの要請というドメイン知識によってMAEとの差異が生じているのです。また、ここで示した評価指標は、このビジネスモデル特有のものであり、読者が対象としているビジネスに応じて考え直す必要があるということです。

2.9 その他の評価指標

　本節では、ここまで紹介しなかった回帰の評価指標の中でもしばしば用いられるものについて解説します。繰り返しになりますが、以降の解説では、y_i は i 番目サンプルの実測値で $\hat{y}_i$ は i 番目サンプルの予測値、N はデータの数です。

2.9.1　平均二乗誤差

　平均二乗誤差（Mean Squared Error；MSE） は本章で紹介した RMSE を二乗したもの（平方根がないもの）です。最もよく言及される評価指標ではありますが、RMSE に比べると値が二乗されているせいで直感的な理解が難しいという欠点があります。数式は以下の通りです。

$$MSE = \frac{1}{N} \sum (y_i - \hat{y}_i)^2$$

　ビジネスの現場においては RSME の方が MSE よりも直感的にわかりやすく、また平方根は単調増加関数であるため、そもそもモデル間の評価指標の大小関係は MSE と RMSE の間で整合的であるため、RMSE の使用を推奨します。例えば本章では来店客数を予測していたわけですが、「MSE の値が 10^2 人^2 であった」と言われるよりも「RMSE の値が 10 人であり、予測値は実測値の周りに ± 10 人程度ずれ得る」と言われた方がよほどわかりやすいでしょう。

　scikit-learn では、MSE は `mean_squared_error` ライブラリで実装されています[14]。

```
# 教師データである来店客数に対数をとった場合の平均二乗誤差
mse_log = mean_squared_error(
    test["visitors"].values, np.expm1(pred_log)
)
```

---

[14] https://scikit-learn.org/stable/modules/generated/sklearn.metrics.mean_squared_error.html

```
# そのままの来店客数の場合の平均二乗誤差
mse = mean_squared_error(
    test["visitors"].values, pred
)

print(
    pd.DataFrame(
        [[f"{mse_log:.3f}", f"{mse:.3f}"]],
        columns=["モデル1", "モデル2"],
        index=["mse"],
    )
)
```

結果は以下のようになりました。

	モデル1	モデル2
mse	205.473	212.139

▌ 2.9.2　決定係数 R^2

　決定係数 R^2 は推定された回帰モデルの当てはまりの良さを評価する評価指標で、統計学の授業で必ずと言ってよいほどお目にかかるので、すでにおなじみの読者もいるかもしれません。数式では以下のように表せます。

$$R^2 = 1 - \sum \frac{(y_i - \hat{y}_i)^2}{(y_i - \bar{y})^2}$$

　歴史的には8種類の定義が存在します[Kvålseth85]が、上式として定義することが現代では一般的です。

　興味深い点としては、最小二乗法による単回帰モデルを採用している場合には、決定係数はピアソンの相関係数の二乗になり、0以上1以下の実数となる点です。決定係数は相関係数の二乗になるとだけ記載する教科書やWebの資料もありますが、最小二乗法による単回帰モデルの場合という条件が抜けたまま、一般にこの関係となると記載されていることがあるので注意してください。また非線形モデルの評価には用いるべきではない

という点にも注意が必要です。

決定係数 R^2 も scikit-learn に実装されています[*15]。

```
# 教師データである来店客数に対数をとった場合の決定係数
r2s_log = r2_score(
    test["visitors"].values, np.expm1(pred_log)
)

# そのままの来店客数の場合の決定係数
r2s = r2_score(test["visitors"].values, pred)

print(
    pd.DataFrame(
        [[f"{r2s_log:.3f}", f"{r2s:.3f}"]],
        columns=["モデル1", "モデル2"],
        index=["R2"],
    )
)
```

	モデル1	モデル2
R2	-0.005	-0.038

今回は単回帰モデルを使用しておらず非線形なモデルを使用しているため、マイナスの値が出ており解釈に苦しむ結果となりました。

その他にも、カウントデータのような連続値ではなく離散値を予測する際に用いられるポアソン逸脱度[*16]や、ガンマ分布とポアソン分布の混合分布である Tweedie 分布に対する Tweedie 逸脱度[*17] などの評価指標も存在します。自身のビジネスの問題において扱っている現象の従う分布が明確な場合には、これらの評価指標も検討してみるとよいでしょう。

[*15] https://scikit-learn.org/stable/modules/generated/sklearn.metrics.r2_score.html
[*16] https://scikit-learn.org/stable/modules/generated/sklearn.metrics.mean_poisson_deviance.html
[*17] https://scikit-learn.org/stable/modules/generated/sklearn.metrics.mean_tweedie_deviance.html

2.10 まとめ

　本章では回帰においてよく用いられる評価指標を、あるレストランの来店客数予測問題を通じて紹介してきました。利益を最大にするための利益計算において、ここでは"材料が尽きたら閉店する"というビジネス上の仮定を置きましたが、実際には材料がなくなりそうであれば以下のような対応も考えられます。

- 近所のスーパーで手に入れる
- 材料が切れたそのメニューだけ売り切れにして営業を続ける
- チェーン展開している店舗であれば近隣の店舗から材料を調達する

　どう対応するかによって利益計算の数理的な表現も変わります。結果として本節で紹介した形**ではない**評価指標を使うことが適切である可能性はとても高いと言えます。自身の抱えている（ビジネス上に限らない）問題はどう数理として書かれるべきかについて考え、特にビジネスの現場では問題自体とそこに付随する制約が書き換わることを許容して柔軟に思考していくことが肝要です。

▌ 参考文献

[Kvålseth85] Kvålseth, Tarald O. "Cautionary note about R 2." The American Statistician, pages279-285, 1985.

[門脇19] 門脇大輔, 阪田隆司, 保坂桂佑, 平松雄司（著）"Kaggleで勝つデータ分析の技術", 技術評論社, 2019.

3 章

二値分類における評価指標

3.1　二値分類と評価指標

　2章では連続値を予測する回帰の機械学習モデルを評価する方法について紹介しました。機械学習モデルには切れ目のない数値である連続値を予測する回帰のアプローチ以外にも切れ目のある数値を予測する分類というアプローチがあります。この分類には大まかに分けて以下の3つのアプローチがあります。

- 二値分類
- 多クラス分類
- 多ラベル分類

　いずれのアプローチであっても、基本的には予測する対象である離散値に対して意味を付与することで分類を実現しています。どういうことかと言うと、例えば、画像を分類するときに、0と予測したときは猫、1と予測したときは犬といった形で、予測したい意味を数値に対応づけることで分類するアプローチです。本章ではこのうち、二値分類における評価指標について解説していきます。

　二値分類とは、ある問いに対してPositiveとNegativeのような2種類のクラスに分ける分類のことです。二クラス分類や二項分類とも呼ばれます。多くの場合、分類は以下のプロセスを経て実施されます。本章においては以下のプロセスで分類が行われていることを想定して解説します。

1. 機械学習モデルを学習する
2. 機械学習モデルを使って予測する
3. 予測した値の閾値を超えるようであればPositive、超えなかった場合はNegativeと分類する

　二値分類はいろいろな分野や課題で応用されています。例えば、以下のような例は二値分類です。

- 行われた送金が不正かどうかを判断する不正送金の自動検知
- 送られてきたメールが迷惑メールかどうかを判断する迷惑メールフィルタ
- ある一定時間後に故障するかどうかを予測する工場機器の故障予測

続いて二値分類モデルの出力を評価する方法について考えていきます。単純に考えると、以下のように、モデルの出力クラスと正解クラスをひとつひとつ確認すれば、モデルの良し悪しを評価できそうです。

```
出力クラス: データAはPositive, データBはNegative, データCはPositive, ...
正解クラス: データAはPositive, データBはNegative, データCはNegative, ...
```

データ量が10レコード程度なら、現実的な時間内で評価できるでしょう。しかし、実際のプロジェクトで評価するのは10レコードで済まないので、この評価方法では効率があまりにも悪く現実的ではありません。そこで、評価を効率的に行うために、モデルの出力と正解クラスとの違いを1つの数値に集約した評価指標がさまざま考案されました。しかし、「1.5.2 評価指標とKPIの関係」でも解説していたように、うまくKPIと相関のある評価指標を選ばないと、モデルを展開してもKPIを改善できないという結果になりかねません。

そこで本章では、このような分類問題に対する分類の良し悪しを評価するための評価指標について紹介し、その選び方について説明します。二値分類のプロジェクトにおいて、各評価指標の長所・短所を考慮して評価指標を選べるようになることを目標とします。

一般的な評価指標は機械学習モデルの分類の良さや機械学習モデル間の優劣を決めますが、「このモデルを展開すれば利益が得られるのか?」という質問には答えられないケースも多々あると思います。なぜなら、一般的な評価指標は0から1の間の値が算出されるだけなので、具体的な利益がどれくらいになるのかを示すものではないためです。この質問に立ち向かうべく、「1.6.1 ECサイトの休眠ユーザに対するメール送信施策」で紹介したコスト考慮型学習についても、あらためて取り上げます。また、一般

的な評価指標において「利益が最大になる閾値をどう見つければよいのか」というよくある問題についても1つの解を与える戦略について紹介します。本章によって、機械学習モデルの出力に応じて実行される"ビジネス施策の結果から生じる売上とコスト"を考慮し、その双方を天秤にかけて機械学習モデルを展開するまでの意思決定に自信を持つことができれば幸いです。

■ 3.1.1　回帰を二値分類として解く

実は、2章で紹介した回帰タスクを二値分類として解くこともできます。具体的には、閾値を決めて、閾値以上の目的変数を1、閾値未満の目的変数を0とすることで、目的変数を連続値から二値分類で扱える離散値に変換できます。これによって、以下のようなメリットがあります。

- 目的変数の値が丸められることで測定誤差のようなノイズを軽減させられる場合がある
- 回帰と比較して評価関数の設計が簡単になる
  - 回帰では目的変数の値域を考慮して評価関数を決める必要がある（RMSEを評価指標に選択すると、値の大きな外れ値のデータの影響を受けやすく、MAPEを選択すると逆に値が小さいデータに影響を受けやすい）

一方で、例えば目的変数の値が-5から5までの連続値をとるとき、閾値を0にすると、目的変数の値が0.1であっても、5であってもすべて1とみなされます。目的変数の値をより正確に予測したいケースで、目的変数の情報量が小さいときはデメリットとなります。ノイズが含まれているために目的変数の値そのものに意味がなく、二値分類にしてもビジネス的にやりたいことが達成できるときはこのアプローチを検討する余地があるでしょう。

実際に回帰タスクを二値分類にする例をいくつか紹介します。

■ 3.1.2 株価の自動売買

例えばあなたが株価や通貨の自動売買に取り組んでいたとします。投資対象となる銘柄の未来の値を予測して、値段が上がると予測すればその銘柄を購入し、値上がりしたタイミングで売却します。2章でも株価予測の例を紹介した通り、連続値の未来の値を予測するのですから、投資対象の値段を目的変数に設定し、それを予測する回帰問題として解きたくなるかもしれません。たしかに、回帰として設定することは可能で、筋が良いように見えます。しかし、一旦落ち着いて、回帰タスクで予測しようとした場合の難しさについて考えてみます。未来の値段を正確に当てるということは、目的変数が連続値なのでとり得る選択肢が多数存在することを意味します。一方で、数日後に値上がりしているかどうかを当てるのでは選択肢は2択です。この問題を解くように依頼された場合、どちらが解きやすいのかを考えてみると、後者の方が簡単であることは明確でしょう。したがって、このような問題設定では、投資対象の銘柄の値段が上がるか下がるかを分類する二値分類を解くというアプローチをとることが多いでしょう。

■ 3.1.3 ECサイトのプッシュ通知の最適化

例えばあなたがAmazonのようなECサイトを運営している会社に勤めていたとします。同僚から「定期的にスマホのプッシュ通知で先月購買してくれたユーザに対して購入を促すメッセージを通知していて、どういうテキストを書いたらタップ率が上がるか知りたいんだけど……」と相談されました。あなたは「タップ率の値を正確に予測できるモデルで単語の重要度を出せばよいのでは？」と考え、タップ率を予測する回帰モデルを作成することに決めました。また、実際のタップ率と予測のタップ率の誤差を使ってモデルを評価します。いざモデリングを行ってみると、誤差が大きくプロジェクトは頓挫してしまいました。誤差が大きくなってしまった理由は何でしょうか。タップ率（%）はタップ数÷インプレッション数×100で求められていました。よく考えてみれば、タップ数は毎回変わります

し、インプレッション数も先月買い物をしてくれたユーザの数によって変動することがわかります。このことから、分母と分子どちらも固定値ではなく変動するため、分子の誤差が分母の誤差によって増幅し、全体的に誤差が大きくなっていると考えられます。分母、分子の両方とも変動せず、割合を使わない方法について考えてみましょう。まずはインプレッション数とタップ数の2変数で以下の3つのクラスタを作成します。

- 良いプッシュ通知：インプレッション数とタップ数の両方が多いプッシュ通知
- 悪いプッシュ通知：インプレッション数は多いが、クリック数がほとんどないプッシュ通知
- 無駄なプッシュ通知：インプレッション数とタップ数の両方が少ないプッシュ通知

　この3つのクラスタにそれぞれどのようなテキストが使用されているのか分析すれば、どのようなプッシュ通知を送るべきかという意思決定に活用できそうです。これらのクラスタのうち、"良いプッシュ通知"と"悪いプッシュ通知"を分類することは、回帰モデルの構築と比べて簡単です。一見、当初の「タップ率を上げたい」というビジネス側からの要望からややずれているように見えますが、タップ率はテキストによる訴求効果を評価する指標であり、ビジネス側の本当の目的はインプレッション数とタップ数の関係を捉えて"良いプッシュ通知"を作ることであるため、目的は達成できていると言えます。また、どうしてもタップ率を目的変数に設定したい場合は、その重視するタップ率が目標値以上かどうかの二値分類の問題に単純化できます。上記のように分母も分子も固定値ではないことによる影響は受けますが、目標値以上かどうかの二値分類の問題としてそれぞれのモデルを評価してみたときに、二値分類モデルの方が回帰モデルよりもうまく分類できていて、うまくいくかもしれません。

　これらの例に共通しているのは、目的変数の値がとる正負の情報量が重要な問題となっており、分類で解くことでうまくいきやすいということです。目的変数の値が持つ正負の情報量は、"目的変数の値がある閾値を超

えるかどうかの情報量"と言い換えてもよいでしょう。これが逆に目的変数の値そのものを正確に予測することに価値があったり、目的変数の値の順序の持っている情報量が重要だったりする場合はうまく機能しません。

　もし回帰モデルを作成するプロジェクトに行き詰まっていたときは、回帰を二値分類として解けるようにしてみたり、問題設定を見直してみるとよいでしょう。なんでもかんでも二値分類にしてしまえばうまくいくという話ではない点に注意してください。当然ですが、回帰から二値分類に変えてもよいかどうかについてはビジネスの要件次第ですので、ビジネス側と十分に議論して判断することをおすすめします。

Column

評価指標を再設計し直す例〜回帰から分類へ〜

　機械学習モデルを運用しており、その目的変数が"ユーザ1人あたりの売上金額"を予測する問題を考えてみましょう。売上金額の値は連続値（自然数）であるため、自然と機械学習モデルの種別としては回帰が用いられ、その評価指標としては実際の売上金額と予測された売上金額のズレで評価しようとするのは自明なように見えるでしょう。

　しかし、"売上金額のズレ"と言った場合でも、2章で説明した二乗平均平方根誤差や平均絶対誤差など複数の評価指標が考えられます。データ分析の発注側や事業責任者の方がこの手の概念に明るければこれらをそのまま評価指標として用いることは問題はないでしょうが、そうではない場合、よりわかりやすい評価指標を考えてみることもビジネスにおいては重要です。単に売上金額のズレを見ただけで、それがビジネスにおいて許容できる範囲のズレなのかを判断するためには、解こうとしている問題に対する相当なドメイン知識が必要となるからです。

　よりわかりやすい評価指標を考えるために、回帰として定義した問題を分類に直してみるのも1つの手段です。具体的には売上の金額に応じて、以下のように、ユーザごとに低中高のラベルを貼り付け、分類問題へと帰着します。

- 低売上金額ユーザ群
- 中売上金額ユーザ群
- 高売上金額ユーザ群

　ここでは低中高の3分類としましたが、実際には、データをよく見ていくつに分類するのかを考えることになります。こうすることで回帰の問題を分類の問題へと転換することができました。分類においては2章で解説したように問題の性質に応じてさまざまな評価指標を用いることができ、また正解率のようなわかりやすい評価指標で示すこともできるので説明しやすくなるでしょう。

　一方で「あれ？ 回帰の問題を分類の問題として解いた方がよいなら、すべて分類としてしまえばよいのでは？」と疑問に思う読者もいるかもしれませんが、そうではありません。例えば"ある商品の価格を予測し、その価格で売買を行う"という問題を考えた場合には、回帰から予測した価格を直接利用しなければならないため、回帰として解く必要があります。

　機械学習プロジェクトにおいては、このようにまず解くべき問題を正しく理解することが重要であり、そのためには"今解こうとしている問題は、ビジネスとして何が求められるのか"を関係者と丁寧にコミュニケーションし、機械学習の問題へと写す（写像する）必要があるのです。

　以下のURLでは似たような例が取り上げられているので、興味のある方は一読をおすすめします。

- 「数量を機械学習で当てる　モデル作成時の工夫と性能説明手法」
  https://www.m3tech.blog/entry/predicting-quantity-ml

3.2　データセット

　評価指標ごとの違いを手を動かしながら学習するためにデータセットを利用します。本節ではEmployee Promotion Dataの説明をします。

▍3.2.1 データセットの準備

ここではEmployee Promotion Data［MÖBIUS20］のデータセットの準備手順について記載します。

1. Kaggleのアカウントを持っていない方は、以下のURLでKaggleのアカウントを登録してログインします。
   https://www.kaggle.com/
2. ログインが完了したら、以下のURLにアクセスします。
   https://www.kaggle.com/arashnic/hr-ana
3. 画面上部（図3.1）にある「Download (5MB)」ボタンをクリックして、zipファイル（archive.zip）をダウンロードします。
4. ダウンロードしたファイルを解凍して得られるtrain.csvとtest.csvをdataディレクトリに格納します。
   ○ Windows 10の場合は、エクスプローラーの圧縮フォルダーツールで「全て展開」ボタンをクリックし、展開先のフォルダーを選択して「展開」ボタンをクリックします。
   ○ macOSの場合は、Finderでzipファイルをダブルクリックします。

■ **図 3.1**／HR Analytics

本書で解説するプログラムのディレクトリ構造を以下に示します。

```
.
├── data
│    ├── test.csv
│    └── train.csv
└── notebook
     └── HR\ Analytics\ Employee\ Promotion\ Data.ipynb
```

▌3.2.2　データセットの説明

Employee Promotion Dataは、ある大規模な多国籍企業の従業員の過去と現在の業績、および人口統計に基づいた複数の属性を含んだ人材に関するデータセットです。組織全体で9つの幅広い垂直型組織を持ちます。この組織においては、マネージャ以下の役職のみで昇進に適した人材を特定し、時間内に準備することが課題になっています。最終的な昇進は評価後にしか発表されないため、準備が遅れてしまうと新しい職務への移行が遅れてしまうためです。

このデータセットを用いて、企業は特定のチェックポイントで適格な候補者を特定し、昇進サイクル全体を迅速に進めることができるようにしたいと考えています。

データのカラムは以下のような意味です。

- employee_id：従業員の固有ID
- department：従業員の部門
- region：就職先の地域（順不同）
- education：教育水準（学歴）
- gender：従業員の性別
- recruitment_channel：従業員の採用時の採用経路
- no_of_trainings：前年度に完了したソフトスキル、テクニカルスキルなどのトレーニングの数
- age：従業員の年齢
- previous_year_rating：前年度の従業員評価
- ength_of_service：勤続年数（年）
- awards_won?：前年度に受賞した場合は1、それ以外は0
- avg_training_score：現在のトレーニング評価の平均点
- is_promoted(Target)：昇進の推奨をされたかどうか

本書では、評価指標について解説するのが目的なので、特徴量については込み入った処理を加えていません。具体的には、Label Encoding、Null

埋め、標準化などを施してモデルを作成し、評価します。

このデータセットにおいて予測したい変数であるis_promotedカラムの分布は以下です。

- 0（昇進しなかった）：50,140件
- 1（昇進した）：4,668件

3.3 混同行列

二値分類に使われる評価指標の多くは、**混同行列（Confusion Matrix）** の各要素をもとに算出しています。これさえわかれば、以降で説明する評価指標について理解しやすくなるので、先に説明します。

混同行列とは、"二値分類のモデルの予測結果と真のクラスの組み合わせごとに出現数をカウントした結果を行列の形で表現したもの"です。モデルが予測した結果は正解と不正解の2通り、真のクラスにはPositive（正例）とNegative（負例）の2通りがあり、その組み合わせは以下の4通りです。

- **True Positive (TP)**：モデルが正例（Positive）と予測して正解した（True）数
- **True Negative (TN)**：モデルが負例（Negative）と予測して正解した（True）数
- **False Positive (FP)**：モデルが正例（Positive）と予測したが間違えた（False）数
- **False Negative (FN)**：モデルが負例（Negative）と予測したが間違えた（False）数

この4つの命名パターンを見ると、正解か不正解かをTrueかFalseで表し、モデルの予測値をPositiveかNegativeかで表しています。この4つの

パターンを図3.2のように行列で表現したものを混同行列と呼びます。

		モデルによる 分類結果（予測）	
		Positive	Negative
真のクラス （正解）	Positive	True Positive（TP） Positiveと判定して 正解した	False Negative（FN） Negativeと判定して 間違えた
	Negative	False Positive（FP） Positiveと判定したが 間違えた	True Negative（TN） Negativeと判定して 正解した

■ **図 3.2**／混同行列

　行列の左上と右下の対角上にある要素（対角要素）以外の要素が0の行列
（対角行列）に近いほど、良い結果を表しています。混同行列はモデルご
とに4つの数値が出力される性質上、どのモデルが優秀かの順位付けには
不向きなので、評価指標として採用されることはほぼありません。一方
で、モデルがどのパターンでどれだけ間違えたかを考察し、モデルの精度
向上の足掛かりにする目的においては有用なツールです。

　では、Employee Promotion Dataを使って作成したモデルを混同行列で
表示してみましょう。まずは以下のコマンドで必要なライブラリを用意し
ます。

```
pip install scikit-learn seaborn pandas matplotlib
```

　次に、Employee Promotion Dataを使って、"昇進した"、"昇進しなかっ
た"を二値分類するモデルの学習と、検証用データに対する分類を行いま
す。続いて、検証用データを分類した結果を評価するために、混同行列を
描画します。

```
from sklearn.preprocessing import LabelEncoder
from sklearn.preprocessing import StandardScaler
from sklearn.linear_model import LogisticRegression
```

```
from sklearn.model_selection import train_test_split
from sklearn.metrics import confusion_matrix
import seaborn as sns
import pandas as pd
import matplotlib.pyplot as plt


# 文字列で表されたラベルを0~(ラベル種類数-1)に変換して特徴を上書きする関数
def label_encoding(df):
    # object(今回の場合は文字列)のカラムを取得
    object_type_column_list = [c for c in df.columns if df[c].
dtypes=='object']
    for object_type_column in object_type_column_list:
        # LabelEncoderでカテゴリで示されるデータ(質的変数)を数値に変換
        label_encoder = LabelEncoder()
        df[object_type_column] = label_encoder.fit_transform(df[object_type_
column])
    return df


# 特徴を標準化する関数
def standard_scale(X_train, X_val):
    ss = StandardScaler()
    # 学習用データの特徴を標準化する
    X_train = ss.fit_transform(X_train)
    # 検証用データの特徴を標準化する
    X_val = ss.transform(X_val)
    return X_train, X_val


# 前処理を実行した学習用データを返す関数
def run_preprocess(train_df):
    # Nanが含まれており、ロジスティック回帰がそのままでは動かないため
    # Nanを含むカラムを削除する
    # 本来はNanを埋めるなどの処理をした方が分類性能は上がることが多いが、
    # 本書では興味の対象ではないため、説明を簡単にするためにカラムごと削除
    remove_column_list = ['previous_year_rating', 'education']
    train_df.drop(remove_column_list, axis=1, inplace=True)
    train_df = label_encoding(train_df)
    return train_df


# train.csvデータをpandasで読み込む
```

```
train_df = pd.read_csv('../data/train.csv')

# 前処理する
train_df = run_preprocess(train_df)
# 教師ラベルを取り出す
y = train_df.pop('is_promoted').values

# 学習用データと検証用データを分離する
# 余談ですが、1年のデータしかないので
# 今回はその中からtrainとtestに分けて評価を行っているが、
# 実ビジネスの現場ではN年のデータをtrainデータにして、
# N+1年のtestデータにした方が理想的な評価になる
X_train, X_val, y_train, y_val = train_test_split(train_df, y, test_
size=0.33, random_state=42)
# 学習用データと検証用データを標準化する
X_train, X_val = standard_scale(X_train, X_val)

# ロジスティック回帰モデルを学習する
clf = LogisticRegression(max_iter=200, random_state=2020)
clf.fit(X_train, y_train)
# ロジスティック回帰モデルで推論を行う
y_val_hat = clf.predict(X_val)

# 混同行列を作成する
# labels=[1, 0]とすることでPositiveが左側の列に来るように調整
conf_matrix = confusion_matrix(y_val, y_val_hat, labels=[1, 0])
df_confusion_matrix = pd.DataFrame(conf_matrix, columns=["Positive",
"Negative"], index=["Positive", "Negative"])

# 作成した混同行列をヒートマップの形で描画する
sns.heatmap(df_confusion_matrix, fmt="d", annot=True, cmap="Blues", annot_
kws={"fontsize": 20})
plt.xlabel("model output class")
plt.ylabel("actual class")
plt.show()
```

　これを実行して作成される混同行列は図3.3の通りです。

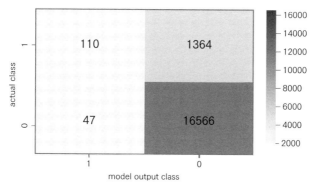

■ **図3.3** ／Employee Promotion Dataデータの混同行列

　この混同行列はどのように解釈できるでしょうか。例えば、Positive と予測されている数が少ないことがわかります。これでは、評価の対象になる人数があまりにも少なすぎます。また以下のようなこともわかります。

- 真のクラスのNegativeの数がPositiveの数の10倍以上になっている
- Negativeの分類について注目すると、16,566＋47件中47件で約0.2%のNegativeしか見逃していない
- Positiveの分類について注目すると、1,346＋110件中1,364件で約92.5%と多くのPositiveを見逃している

　以上のことから、モデルが不均衡データ（後述）の影響を受け、Negativeに分類されやすくなっていることがわかります。仮にビジネスの要求が、Negativeのとりこぼしを少なくしつつ、少数でもPositiveを正しく分類できればよいというものであれば現状のモデルでも目的は達成できていると言えます。一方でNegativeが重要ではなく、Positiveのとりこぼしをなるべく減らしたいのであれば改善が必要であるということがわかります。この場合は混同行列を見ることにより、モデルが分類したクラスの偏り具合がわかるため、「不均衡データの影響を受けているのでは？」という仮説が立てられます。そして、このモデルを改善するには、不均衡データによって少数派クラスに分類される問題への対策を考えてみよう、

といった次の行動への補助に使うことができます。

3.4 正解率

正解率（Accuracy）は、すべての予測結果において、正解だった割合という最も直感的な評価指標です。正解率は以下のように算出できます。

$$正解率（Accuracy）= \frac{TP + TN}{TP + FP + FN + TN}$$

正解率は直感的でわかりやすい評価指標に見えますが、不均衡データに対しては、多数派クラスの影響を受けやすく適切に評価できないという致命的な欠点があります。**不均衡データ**とは、それぞれの正解ラベルの出現比率に偏りがあるデータセットを意味します。不均衡データの際に正解率がどのような悪影響を与えるのでしょうか。例えば、工場の部品の表面にできた傷や擦れを検出するタスクを考えてみましょう。このとき、Positive（正例）は傷や擦れがあるクラスと考え、Negative（負例）は傷や擦れがないクラスとします。このタスクで重要なのは、Positiveを正しいクラスに分類するモデルを作ること（言い換えれば、傷や汚れが発生した不良品を確実に分類すること）です。この問題に対するモデルを作成し、混同行列が図3.4のようになったとします。

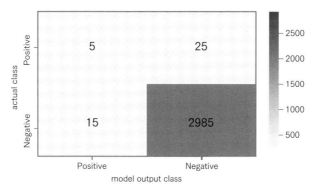

■ 図3.4／Negativeがやや多めの混同行列の例

以下のように正解率は0.98と高い値であることがわかります。

$$\text{正解率}\,(Accuracy) = \frac{5 + 2985}{5 + 15 + 25 + 2985} \simeq 0.98$$

この正解率を見たあなたは「良いモデルができた！」と満足するかもしれません。しかし、最も精度良く分類したいPositiveクラスの分類について注目すると、30件中25件ものPositiveを見逃してしまっています。これでは目的を達成する良いモデルとは言えません。

では、もっと極端に図3.5のようにNegativeだけを予測するモデルで考えてみます。言うなれば、どんな部品が来ても傷も汚れもないと判断するモデルです。以下の算出結果から、この使いものにならないモデルであっても正解率は高くなることがわかります。

$$\text{正解率}\,(Accuracy) = \frac{0 + 3000}{0 + 0 + 30 + 3000} \simeq 0.99$$

このように、高い正解率だけで判断すると、良いモデルができたと解釈して、Positiveクラスを見逃してしまうリスクがあります。正解率を利用する場合には、クラスのサンプル数に偏りがある不均衡データには注意が必要であることを心に留めてください。

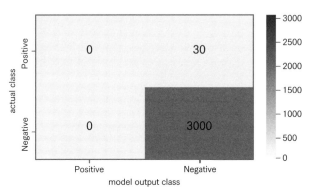

■ **図3.5**／すべてNegativeの混同行列

▌3.4.1　正解率の算出

　では、Employee Promotion Dataを使って作成したモデルで正解率を評価してみましょう。以下のコードを実行すると正解率が出力されます。

```python
from sklearn.metrics import accuracy_score

# 検証用データの正解率を求める
accuracy = accuracy_score(y_val, y_val_hat)
print(f"正解率: {round(accuracy, 2)}")
```

正解率: 0.92

　Employee Promotion Dataを使って作成したモデルの正解率は0.92であることが確認できます。良い評価に見えますが、上記で解説した通り不均衡データを扱っているためです。目的変数であるis_promotedカラムの分布は以下のように偏っています。

- 0（昇進しなかった）：50140件
- 1（昇進した）：4668件

そのため、Employee Promotion Dataを評価する際には、過度に高い評価となる正解率を利用するのは良い選択と言えません。

3.5　マシューズ相関係数

不均衡データの分類の際に、正解率ではモデルをビジネスの要求に沿ってうまく評価できないことがありました。不均衡データであっても、モデルをうまく評価できる**マシューズ相関係数（Matthews Correlation Coefficient；MCC）** について説明します。

MCCの計算式は以下の式で表されます。

$$MCC = \frac{TP \cdot TN - FP \cdot FN}{\sqrt{(TP + FP)(TP + FN)(TN + FP)(TN + FN)}}$$

この式を見てわかる通り、MCCは正解率と同様に、True Positive、False Positive、True Negative、False Negativeのすべてのパターンを評価に加えているため、PositiveとNegativeの両方のクラスに関心があるケースでよく用いられます。また、実際の正解クラスと予測されたクラスのPositiveとNegativeを入れ替えてもスコアが同じになるという特徴もあります。正解率と異なり、それぞれのクラスのサイズが大きく異なっていても使用できる評価指標です。名前の通り、この指標は予測結果と真のクラスの相関係数です。値域は−1〜+1をとり、予測結果と正解クラスがすべて一致すると+1、予測結果と真のクラスがすべてが不一致だと−1、ランダムな予測をしていると0になります。

3.5.1　MCCの算出

それでは、Employee Promotion Dataを使って作成したモデルをMCCで評価してみましょう。

```
from sklearn.metrics import matthews_corrcoef

# 検証用データのマシューズ相関係数を算出する
mcc = matthews_corrcoef(y_val, y_val_hat)
print(f"MCC: {round(mcc, 2)}")
```

```
MCC: 0.19
```

　実行すると、0.19という値が確認できます。ここで作成したモデルの評価は良いと言えませんが、少なくともランダムな予測よりは優れている数値となりました。

　次に、実際の正解クラスと予測されたクラスのPositiveとNegativeを入れ替えても、スコアが同じになるという特徴についても確かめてみましょう。

```
import numpy as np

# 実際の正解クラスと予測されたクラスを逆にして
# 検証用データのマシューズ相関係数を算出する
mcc = matthews_corrcoef(np.where(y_val == 0, 1, 0), np.where(y_val_hat ==
0, 1, 0))
print(f"MCC: {round(mcc, 2)}")
```

```
MCC: 0.19
```

　これを実行すると、0.19が出力され、同じ数値になっていることがわかります。

　実は、MCCは不均衡データの影響を受けずにPositiveとNegativeの両方のクラスに注目した評価ができますが、この特徴については後の節であらためて紹介します。

3.6 適合率

適合率 (Precision) とは、すべての Positive クラスのうち、モデルがどのくらいの Positive を予測できたのかを表す指標で、精度とも呼ばれます。適合率は以下のように算出できます。

$$適合率\,(Precision) = \frac{TP}{TP + FP}$$

この指標は、Positive のみに注目していることからもわかるとおり、間違えて Positive に分類してはいけない (True Positive を増やして、False Positive を少なくしたい) タスクで有効です。どういう場面で有効なのか、レコメンドと情報検索を例に考えていきましょう。

例えば、DM (ダイレクトメール) を送付する顧客のレコメンドについて考えてみましょう。顧客に DM を送付するには、広告の作成費や件数分の配送費など、さまざまな費用がかかります。予算が決まっていて、送付数の上限がある場合、なるべく DM に反応してくれる顧客を選びたいと考えます。この例では、過去の DM に反応してくれた顧客のデータを Positive、反応しなかった顧客のデータを Negative として教師データにします。この分類の目的は、モデルが DM に反応してくれる顧客であると分類したとき (Positive) に、実際に DM に反応してくれる顧客 (True Positive) をより多くすることです。得てして DM に反応してくれる顧客より、DM に反応しない顧客の方が多いことを考えれば、これを正解率で評価すると、本来は気にする必要のない DM に反応しない顧客に対して、モデルがこの顧客は DM に反応しないとうまく分類できた際に、モデルを高く評価してしまうおそれがあります。適合率を評価指標として利用すれば、反応してくれる顧客であると予測したときに、反応してくれる顧客がより多く分類されるモデルを良いモデルであると評価します。したがって、目的に沿ったモデルへのブラッシュアップにつながります。

$$適合率\ (Precision) = \frac{1}{1+99} = 0.01$$

　適合率を利用する際に注意しておくべき点があります。例えば、顧客を1人だけ出力してDMを送ったときに、その1人がDMによって商品を購入すると適合率は1.0になります。なぜこれが問題になるのでしょうか。その1人だけがDMを送れば購入してくれる顧客で、そうでない顧客は購入しないということであれば問題はありません。しかし現実では（何通送るかにもよりますが）、多くの場合DMを送れば購買してくれる顧客は1人以上いるはずです。これはPositiveクラスの分類漏れを意味し、多くの反応してくれる顧客を見逃していると言えます。もし仮に反応してくれている顧客が100人いて、1人にしかDMを送らないという判断をしてしまうと、99人分の利益が失われます。これではより多く儲けを出したいというビジネス側の要望に沿ってモデルを評価できていません。もし、分類漏れのないモデルが良いモデルであるとしたい場合は適合率ではなく、次節で説明するPositiveクラスの分類漏れを評価できる再現率を利用します。

▌3.6.1　適合率の算出

　では、Employee Promotion Dataを使って作成したモデルを適合率で評価してみましょう。以下のコードを実行すると適合率が算出できます。

```python
from sklearn.metrics import precision_score

# 検証用データの適合率を算出する
precision = precision_score(y_val, y_val_hat)
print(f"適合率: {round(precision, 2)}")
```

適合率: 0.63

Employee Promotion Dataを使って作成したモデルの適合率は0.63で
す。このことから、モデルがPositiveと分類したデータのうち、6割のデー
タは正しくPositiveと分類できているということがわかります。

3.7 再現率

再現率（**Recall**。**True Positive Rate**；**TPR**や感度と呼ぶ場合もありま
す）とは、"正解データにおけるすべてのPositiveのうち、モデルが正しく
Positiveと予測できた数の割合"を表します。この指標は評価対象のモデ
ルがどの程度Positiveを網羅できているかを表します。これにより、モデ
ルが正解データのPositiveをどの程度とりこぼしているかを評価できま
す。再現率は以下のように算出できます。

$$再現率\,(Recall) = \frac{TP}{FN + TP}$$

この指標はPositiveをとりこぼしてはいけないようなタスクで利用でき
ます。特に再現率が重要視される工場での良品検査を例に説明します。

工場で生産される部品に不良品が発生すると、発注元企業の信用を損ね
たり、返品対応コストがかかったりするなど、ビジネスに悪影響を及ぼし
てしまいます。自動車など人の命を預かるような製品の部品に不良品が使
われると、最悪の場合、死者を出すような事故・故障につながるかもしれ
ません。生産者としては不良品を絶対に見逃したくないという動機があり
ます。これまでは、複数人で目視チェックを行って、良品か不良品かを厳
重に確認していましたが、モデルを使って検査を代替したいとします。こ
のとき、確認漏れを絶対になくすために、モデルが判断した明らかな不良
品については検査せず、不良品の疑いがあるものだけを検査者が確認する
ことで、人が見るべき検査の件数を減らして効率を上げることができま
す。このような良品検査のタスクでは、不良品の見逃しは許容できないと
いうビジネス上の要件を達成するため、Positive（不良品）をとりこぼさな

い評価指標として、再現率が採用されることが多いです。

　ただし、再現率はモデルがすべてのデータに対して Positive（不良品）であると予測した場合に、再現率が1.0となってしまうため注意が必要です。すべてのデータが Positive であると予測したということは、人手による検査数に変化がありません。これではモデルの存在価値がありません。したがって、再現率だけでなく、前節で解説した適合率や混同行列の結果も見ながら評価する必要があります。

▍3.7.1　再現率の算出

　Employee Promotion Data を使って作成したモデルについて、再現率を評価してみます。以下のコードを実行すると再現率が算出できます。

```
from sklearn.metrics import recall_score

# 検証用データの再現率を算出する
recall = recall_score(y_val, y_val_hat)
print(f"再現率: {round(recall, 2)}")
```

再現率: 0.07

　Employee Promotion Data を使って作成したモデルの再現率は0.07になります。再現率はかなり低いスコアになっていることから、Positive クラスの分類漏れが多いモデルであることが読み取れます。

3.8　F1-score

　ここまで3つの評価指標を紹介しました。これらのうち、適合率と再現率を組み合わせた評価指標を紹介します。

F1-score の説明に入る前に、F_β-score という評価指標を紹介します。

$$F_\beta = \frac{(1 + \beta^2) \times 再現率 \times 適合率}{(\beta^2 \times 適合率) + 再現率}$$

このように再現率と適合率を組み合わせて新たな指標とすることで、1つの評価指標で再現率と適合率の両方を加味した評価が可能です。

β を変更することによって、"適合率"と"再現率"のいずれかをより重視でき、$\beta = 1$ のときに均衡します。"適合率"をより重視したい場合は $\beta = 2$、"再現率"をより重視したい場合は $\beta = 0.5$ がよく使われます。ビジネスにとってどちらを重視するのがよい判断なのかは、ビジネスの要件次第なのでケースバイケースになります。とはいえ、どちらかを重視する理由が明確になく、両方を重視したいことが多いため、$\beta = 1$ が広く利用されています。この $\beta = 1$ のときの F_β-score を **F1-score** と呼びます。

F1-score は再現率と適合率の調和平均をとっており、以下のように定式化できます。

$$F1\text{-score} = \frac{2}{\frac{1}{再現率} + \frac{1}{適合率}} = 2 \times \frac{再現率 \times 適合率}{再現率 + 適合率} = \frac{2TP}{2TP + FP + FN}$$

上記の式から、Positive クラスが重要、False Negative と False Positive を同等に評価、True Negative については評価しないという特徴が読み取れます。

例えば、レビューサイトを運営しているとします。ユーザが投稿するレビューには攻撃的な投稿がたびたび含まれていて、その攻撃的な投稿をモデルによって自動で絞り込み、絞り込んだ内容を人間が確認して、削除して問題ないものかを判断したいというニーズがあると考えてみましょう。これを攻撃的な投稿かどうかを分類する文書分類のタスクとして捉え、攻撃的な投稿であるケースを Positive、そうでないニュースを Negative の二値分類で分類するとします。このタスクの要件が以下のようにまとまったとすると、F1-score が有用な評価指標になるでしょう。

- "モデルが攻撃的な投稿だと判定したときに間違っているケース

(False Positive)"と"モデルが攻撃的な投稿でないと判定したが、実際は攻撃的な投稿だったケース(False Negative)"はどちらも同じくらいなくしたい

- "モデルが攻撃的な投稿ではないと判定して、実際に攻撃的な投稿ではないケース(True Negative)"は、どれだけ大量に分類されても人間が確認する必要がないものなので関心がない

▌ 3.8.1 F1-scoreの算出

Employee Promotion Dataを使って作成したモデルのF1-scoreを評価してみましょう。以下のコードを実行するとF1-scoreが算出できます。

```
from sklearn.metrics import f1_score

# 検証用データのF1-scoreを算出する
f1 = f1_score(y_val, y_val_hat)
print(f"F1-score: {round(f1, 2)}")
```

```
F1-score: 0.12
```

Employee Promotion Dataを使って作成したモデルのF1-scoreは0.12とかなり低めの値になります。適合率の値が0.63、再現率の値が0.07だったので、これまでの結果から考えると、再現率が低かったことによる影響を受けていると考えられます。このように適合率と再現率の値に影響するため、どちらも良い場合にそのモデルを良く評価する評価指標ということがわかります。

3.9 G-Mean

PositiveとNegativeの両方のクラスの予測結果に関心がある場合に利用

する評価指標として、正解率やマシューズ相関係数の他に**G-Mean (Geometric Mean)** があります。G-Mean は True Positive Rate（Sensitivity；再現率）と True Negative Rate（Specificity；特異度）の両方のバランスをとるために幾何平均をとった指標で、以下の式によって表されます。

$$G-Mean = \sqrt{TruePositiveRate \cdot TrueNegativeRate}$$

ここで、True Positive Rate と True Negative Rate は以下の式で算出できます。

$$TruePositiveRate = TP/(FN+TP)$$
$$TrueNegativeRate = TN/(FP+TN)$$

1.8節で前述した通り、True Positive Rate は再現率と同じであり、Positive の予測漏れがどの程度かを測る指標です。True Negative Rate という指標は、すべての Negative のデータを正しく Negative と予測した割合を表しています。True Negative Rate は True Positive Rate とは逆に、Negative の予測の漏れがどの程度か測る指標です。G-Mean はこれらのバランスをとることによって、Positive と Negative の予測漏れが均等に小さくなれば良い評価を得られるような指標のため、Positive と Negative の両方のクラスに関心があるケースで利用できます。G-Mean は0から1の間の値をとります。

▌ 3.9.1　G-Meanの算出

それでは、Employee Promotion Data を使って作成したモデルを G-Mean で評価してみましょう。G-Mean は scikit-learn に実装されていないため、算出用の関数を自作したものを利用します。

```
import math

from sklearn.metrics import confusion_matrix

# G-Meanを算出するための関数
```

```
def g_mean_score(y, y_hat):
    # 混同行列を作成して各要素を変数に格納する
    tn, fp, fn, tp = confusion_matrix(y, y_hat).ravel()
    # True Positive Rateを算出する
    tp_rate =  tp / (tp + fn)
    print("True Positive Rate:", round(tn_rate, 2))
    # True Negative Rateを算出する
    tp_rate = tn / (tn + fp)
    print("True Negative Rate:", round(tn_rate, 2))
    # G-meanはTrue Positive RateとTrue Negative Rateの幾何平均を算出
    return math.sqrt(tp_rate * tn_rate)

print("G-Mean: ", round(g_mean_score(y_val, y_val_hat), 2))
```

```
True Positive Rate: 0.07
True Negative Rate: 1.0
G-Mean:  0.26
```

　このモデルはこれまでの評価指標の評価結果からわかる通り、Negative
にばかり分類が偏ってしまっているため、この評価指標に利用されている
True Negative Rateは1.0と高くなっています。しかし、G-Meanは0.26
程度の低めのスコアを出しているため、NegativeとPositiveの両方に評価
の重点を置いていると言えます。予測結果が片方に偏っていても、正解率
とは違い、その影響がスコアに反映されにくい指標となっていることがわ
かります。

3.10 ROC-AUC

　本節ではROC（Receiver Operating Characteristic）曲線を使って求めた
二値分類の評価指標である**ROC-AUC（ROC-Area Under the Curve）**につ
いて説明します。ROC-AUCはここまで紹介した評価指標のように"モデ
ルが出力した予測値から閾値で割り当てたクラス"ではなく、予測値その
ものを用いて評価するという特徴があります。二値分類のタスクでは、機

械学習モデルは多くの場合において0から1の間の値を出力し、例えば閾値が0.5のときに0.5を超えたらPositive、0.5以下ならNegativeのように、閾値を超えたかどうかでクラスを判定しています。ここで評価に用いている予測値とは、その0から1の間の値のことを指しています。ROC曲線は、モデルの予測値から"Positive"か"Negative"かを判定するための閾値を、0から1の間で動かしたときの結果を表しています。このときx軸がFalse Positive Rate（FPR）、y軸がTrue Positive Rate（TPR）です。ここで、False Positive Rateとは、すべてのNegativeデータを分母にとり、誤ってPositiveと予測されたデータ（False Positive。真のクラスはNegative）を分子にとって、その割合を表した指標です。True Positive Rateとは、すべてのPositiveのデータを分母に、正しくPositiveと予測されたデータ（True Positive）を分子にとって、その割合を表した指標です。False Positive RateとTrue Positive Rateは、それぞれの真のクラスのうち、正しく予測できたPositiveとNegativeの数の割合と捉えることができ、Positiveの閾値の変化によって、正しく予測できた数（Positive）が変化し、真のクラスの数は変わらないので、それぞれの占める割合が変化します。Positiveの閾値が1.0のときはTPRも1.0となりFPRは0です。一方でPositiveの閾値が0.0のときはTPRは0.0となりFPRは1.0です。繰り返しになりますが、Positiveの閾値を動かしたときにTPRとFPRのとる割合を座標にとったものがROC曲線です。

　False Positive RateとTrue Positive Rateはそれぞれ以下の式によって求められます。

$$FalsePositiveRate = \frac{FP}{FP + TN}$$

$$TruePositiveRate = \frac{TP}{TP + FN}$$

　ややこしいのですが、計算式を見てわかる通り、再現率とTrue Positive Rateは呼び方が違うだけで同じものを表しています。また、AUCとは曲線の下の部分の面積を意味しますので、ROC-AUCはROC曲線の下の面積を表しています。ROC曲線がxy座標 (0, 1) の点を通って図3.6のようにAUCの部分が四角形になったときだけAUCは1.0となりま

す。より具体的に言うと、四角形になって AUC が 1.0 になるのは、予測値を降順に並べたときの真のクラスの 1 と 0 が、ある順位ではっきり分かれる場合です。現実的に相当簡単な問題設定でない限りはこのような結果になることはありませんが、これが最も理想的な評価結果です。

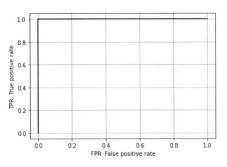

■ **図 3.6**／理想的な ROC-AUC

　要するに、Positive を正しく Positive と予測できる割合が高いモデルを作成できれば ROC 曲線が左上の点に近づき、これを良いモデルと呼べるわけです。逆にすべてをはずす最悪の結果の場合は 0.0 ですが、AUC が 1.0 になるモデルの予測結果を逆にしてしまうようなバグを発生させない限りは現実的にはほぼありえません。後述するように、乱数に近い結果を評価すると、AUC は 0.5 付近の値をとり、この場合はモデルによる予測が完全にデタラメであると言え、現実的には 0.5 付近を最悪値ととらえます。

　より ROC-AUC の直感的な解説としては、「ROC 曲線を直感的に理解する」という記事 [Jack20] がありますので、これを参照するとよいでしょう。

　以下に ROC-AUC の特徴を挙げます。

1. 予測値を降順に並べ変えたとき、上位に真のクラスが Positive であるデータが偏っている、もしくは下位に真のクラスが Negative のデータが偏っているほど大きくなる
2. ROC 曲線はクラスの分布の変化に影響されない
   - 評価に利用するデータの中で Positive と Negative のデータの割合が変わっても、ROC 曲線は変わらない

3. Positive と Negative を判定するための閾値に依存しない

○ ここまで解説してきた評価指標は、閾値を固定して評価していたため、閾値に依存して評価値が変わる。しかし、ROC-AUCでは、閾値を変化させた結果がROC曲線を描くので、閾値を決める必要はない

○ AUCに関連する評価指標すべてに共通する特徴

　具体例を用いて1つ目の特徴を理解しましょう。まずはモデルの予測値を降順にしたとき、上位に真のクラスがPositiveやNegativeの偏りがない場合（モデルが乱数に近い出力をしている場合）です（図3.7）。つまり予測値がほとんどランダムで、良いモデルとは言えません。この場合、AUCの値は0.50と乱数に近い値をとります。

　次に、モデルの予測値を降順にしたとき、上位に真のクラスがPositiveであるデータが大部分を占めている場合です（図3.8）。これは、正しく予測したいPositiveをうまく予測できているモデルです。

予測値	真のクラス
0.98	0
0.92	1
0.92	0
0.90	1
0.89	0
0.88	1
0.81	0
0.81	1
0.78	0
0.75	0
0.73	0
0.69	0
0.67	0
0.47	1
0.44	0
0.39	1
0.21	0
0.18	1
0.06	0
0.02	1
0.01	0

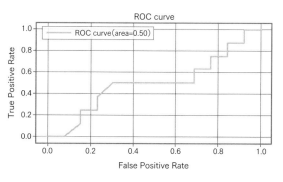

予測値を降順に並べたときの上位に
真のクラスに偏りがない場合

■ **図3.7**／予測値を降順にしたときの真のクラスに偏りがない場合のROC曲線

予測値	真のクラス
0.98	1
0.92	1
0.92	1
0.90	1
0.89	1
0.88	1
0.81	1
0.81	1
0.78	1
0.75	1
0.73	0
0.69	0
0.67	0
0.47	0
0.44	0
0.39	1
0.21	0
0.12	1
0.06	0
0.02	0
0.01	0

予測値を降順に並べたときの上位に
真のクラスが1になっているデータが多い場合

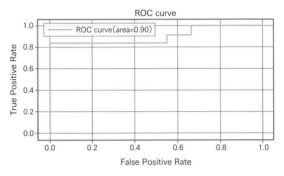

■ **図3.8**／予測値を降順にしたときの上位に、真のクラスが1のデータが大部分を占めている場合の
ROC曲線

　この場合はAUCの値は0.90です。

　最後は極端な例を紹介します。予測値が高いほど真のNegativeのクラスであるというあってはならないような予測モデルです（図3.9）。ROC-AUCの値は0.05となり、乱数よりもさらに低い値をとります

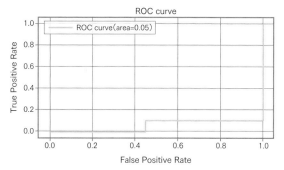

予測値	真のクラス
0.98	0
0.92	0
0.92	0
0.90	0
0.89	0
0.88	1
0.81	0
0.81	0
0.78	0
0.75	0
0.73	0
0.69	0
0.67	1
0.47	1
0.44	1
0.39	1
0.21	1
0.12	1
0.06	1
0.02	1
0.01	1

予測値を降順に並べたときの上位に
真のクラスが0になっているデータが多い場合

■ **図 3.9**／予測値の降順にしたときの上位に真のクラスがNegativeのデータが大部分を占めている場合のROC曲線

これらの結果から「予測値を降順に並べ変えたとき、真のクラスがPositiveのデータが上に偏っている、もしくは真のクラスがNegativeのデータが下に固まっているほど大きくなる」というAUCの特徴を実感できたかと思います。

次に2つ目の特徴である「ROC曲線はクラスの分布の変化に影響されない」について理由を考えていきます。まず混同行列を思い出してみましょう（図3.10）。

		モデルによる分類結果（予測）	
		Positive	Negative
真のクラス（正解）	Positive	True Positive（TP）Positiveと判定して正解した	False Negative（FN）Negativeと判定して間違えた
	Negative	False Positive（FP）Positiveと判定したが間違えた	True Negative（TN）Negativeと判定して正解した

■ **図 3.10**／混同行列（図3.2を再掲）

135

　クラスの分布とは、真のクラスを示すPositive・Negativeそれぞの行の中で、予測結果がどのように分布したかを指します。PositiveとNegativeの両方の行の値を使用する正解率、適合率、F1-scoreといった評価指標は、真のクラスのPositiveの数（True Positive + False Negative = 真のクラスのPositiveの数）とNegativeの数（True Negative + False Positive = 真のクラスのNegativeの数）の両方の情報を用いているため、クラスの偏りに敏感になります。例えば、適合率であれば、True Positive（真のクラスがPositiveのうちの一部）とFalse Positive（真のクラスがNegativeのうちの一部）を用いて算出しています。ここで、PositiveとNegativeの分布が10：10から5：15になった場合について考えてみます。まずPositiveとNegativeの分布が10：10の場合に以下のようだったとします。

- Positive：True Positiveが6、False Negativeが4
- Negative：True Negativeが6、False Positiveが4

このクラスの分布が5：15になると、以下のように変わります。

- Positive：True Positiveが3、False Negativeが2
- Negative：True Negativeが9、False Positiveが6

具体的には図3.11のようになります。

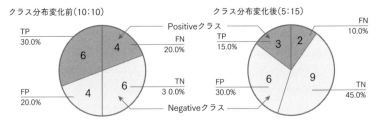

■ **図3.11**／クラスの分布の変化の例

　このとき、True Positiveは0.5倍と減ったのに対し、False Positiveは1.5

倍と増えています。つまり、Positiveの割合が減ると、それにともない True Positiveも減っていて、Negativeの割合が増えると、False Positive も増えていることが確認できます。適合率の式を用いると、以下のように 元の式のFalse Positive部分を3倍した形になることから分母の値が大き くなり、適合率の値は小さくなることがわかります。

$$\frac{0.5TP}{0.5TP + 1.5FP} = \frac{TP}{TP + 3FP}$$

ここで、True Positiveの分布の変化率（＝変化後のTrue Positive／変化 前のTrue Positive）を α、False Positiveの分布の変化率（＝変化後の False Positive／変化前のFalse Positive）を β とおくと、以下のように表す ことができます。

$$\frac{\alpha TP}{\alpha TP + \beta FP} = \frac{TP}{TP + \frac{\beta}{\alpha}FP}$$

当たり前ですが、PositiveとNegativeの比率が真のクラスと同じ出力を するように機械学習モデルが予測した結果を評価していることから、多く の場合でTrue Positiveの数と正解データのPositiveの数、False Positive の数と正解データのNegaiveの数が相関関係にあるため、分類器の性能が 変わらなくてもクラスの分布の変化の影響でこれらの評価指標の値が変 わってしまうことも多いです。一方でROC-AUCは、True Positive Rate とFalse Positive Rateに基づいており、これらは混同行列における行方向 の比率であるため、クラスの分布には依存しない特徴があります。この理 由としては、ROC曲線の描画に利用しているTrue Positive Rateは Positiveのクラスしか評価指標の算出に使っておらず、False Positive Rate もNegativeのクラスの評価指標の算出に使っていないためです。 PositiveとNegativeの分布が10：10から5：15になった場合について同様 に考えてみても、True Positive RateはTrue Positiveが6でFalse Negativeが4だったのが、True Positiveが3でFalse Negativeが2になり、 True PositiveとFalse Negativeの値は両方とも0.5倍された値になってい ます。このため、True Positive Rateの計算式に変化率を反映してみても、

以下の通り元の数式と同じ値になることがわかります。

$$\frac{0.5TP}{0.5TP + 0.5FN} = \frac{TP}{TP + FN}$$

False Positive Rate の場合も同様に True Negative が6で False Positive が4だったのが、True Negative が9で False Positive が6になり、True Negative と False Positive の値は両方とも1.5倍された値になっています。

このため、同様に False Positive Rate の計算式に変化率を反映してみても、以下の通り元の数式と同じ値になることがわかります。

$$\frac{1.5FP}{1.5FP + 1.5TN} = \frac{FP}{FP + TN}$$

この通り、True Positive Rate および False Positive Rate の値は、Positive と Negative の分布の変化の影響を受けない評価指標を用いているため、ROC-AUC はクラスの分布には依存しない評価指標と言えます。

▍3.10.1 ROC-AUCの算出

Employee Promotion Data を使って作成したモデルで ROC-AUC を評価してみましょう。以下のコードを実行すると ROC-AUC が算出できます。

```python
from sklearn.metrics import roc_auc_score

# ラベルが1である予測確率を取得する
y_val_hat = clf.predict_proba(X_val)[:, 1]

# ROC-AUCを算出する
roc_auc = roc_auc_score(y_val, y_val_hat)
print(f"ROC-AUC: {round(roc_auc, 2)}")
```

```
ROC-AUC: 0.69
```

コーディングの際は ROC-AUC はこれまでの評価指標と異なり、予測モ

デルが出力したクラスではなく、クラスを予測したスコア（予測値）をもとに評価を行っていることを思い出してください。Employee Promotion Dataを使って作成したモデルのROC-AUCは0.69です。

3.11 PR-AUC

　本節ではPR曲線（Precision-Recall曲線）から求める評価指標**PR-AUC**について説明します。**PR曲線**とは、モデルの予測値をPositiveだと判定するための閾値を0から1の間で動かしたときに、再現率、適合率がどのように変化するかをプロットした曲線のことを指します。x軸は再現率、y軸は適合率を示しています。良いモデルであればあるほど、PR-AUCは座標の右上に広がります。ROC-AUCと同様に、PR-AUCも0から1の値をとり、1が最も良い評価である評価指標になります。PR-AUCは、予測値を降順に並べたとき、上位の予測の正確さを重視するという特徴を持つ評価指標です。これにより、真のクラスにPositiveが少なくNegativeが多い不均衡データの場合に、ROC曲線よりもPR曲線を選ぶことがあります。モデルの予測値を降順に並べたとき、上位の（少ない）Positiveを正しく予測したい関心が強い状況が考えられます。前節のROC曲線の解説で利用したデータを用いて、PR曲線をプロットして確認してみましょう。

　まずは予測値を降順に並べたときの真のクラスに、PositiveやNegativeの偏りがない場合（モデルが乱数に近い出力をしている）です（図3.12）。

予測値	真のクラス
0.98	0
0.92	1
0.92	0
0.90	1
0.89	0
0.88	1
0.81	0
0.81	1
0.78	0
0.75	0
0.73	0
0.69	0
0.67	0
0.47	1
0.44	0
0.39	1
0.21	0
0.18	1
0.06	0
0.02	1
0.01	0

予測値を降順に並べたときの上位に
真のクラスに偏りがない場合

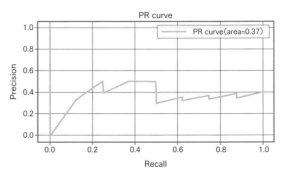

■ 図3.12／予測値を降順にしたとき、真のクラスに偏りがない場合のPR曲線

　このとき、AUCは0.37でした。モデルが乱数に近い出力をしている場合にはROC曲線の場合と異なり、0.5に近い値をとらないことがわかります。このグラフは再現率が0に近づくごとに閾値が1に近づきます。逆に再現率が1に近づくごとに閾値は0に近づいていきます。このように閾値を変えたときに精度がどう変化するかを観察しやすいため、PR曲線はモデルの閾値の調整にも利用されます。scikit-learnを利用すると、最初に適合率1.0、再現率0.0をとるように実装されています。そのため、モデルの予測値の最大と閾値が等しい場合にPositiveと予測したクラスが実際はNegativeだったとき、適合率と再現率が0へと急激に落ちるようなグラフになります。

　次に予測値を降順にしたとき、上位に真のクラスがPositiveをとるデータが偏っている場合です（図3.13）。

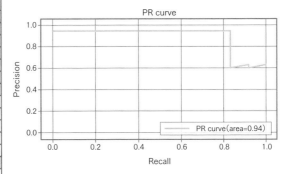

予測値	真のクラス
0.98	1
0.92	1
0.92	1
0.90	1
0.89	1
0.88	1
0.81	1
0.81	1
0.78	1
0.75	1
0.73	0
0.69	0
0.67	0
0.47	0
0.44	0
0.39	1
0.21	0
0.12	1
0.06	0
0.02	0
0.01	0

予測値を降順に並べたときの上位に
真のクラスが1になっているデータが多い場合

■ **図3.13**／予測値を降順にしたとき、上位に真のクラスが1をとるデータが偏っている場合のPR曲線

　このとき AUC は 0.94 であり、良いモデルであることがわかります。ある一定のところから急激に適合率が落ちていることがわかります。また、AUC が 1.0 になるときの PR 曲線は、適合率 1.0 の値が再現率 1.0 まで続く x 軸と平行な直線を描きます。

　逆に予測値を降順にしたとき、上位に真のクラスが Negative をとるデータに偏っている場合を見てみます（図3.14）。

　このとき AUC は 0.29 となりました。モデルを正しく評価できており、悪いモデルであることがわかります。

　PR 曲線の良いところは、再現率を x 軸に、適合率を y 軸にとっているため、グラフを解釈しながら議論を進めやすい点にあります。再現率は前述した通り、とりこぼしたくないときに利用するする尺度であり、適合率は予測時の予測の正確さを表しているシンプルな指標です。いずれもビジネスサイドにニュアンスを伝えやすく、「ビジネス的に閾値をどの地点に設定すべきか」の議論が行いやすいと言えます。具体的には、モデルを評

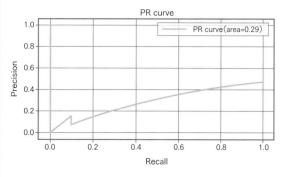

予測値	真のクラス
0.98	0
0.92	0
0.92	0
0.90	0
0.89	0
0.88	1
0.81	0
0.81	0
0.78	0
0.75	0
0.73	0
0.69	0
0.67	1
0.47	1
0.44	1
0.39	1
0.21	1
0.12	1
0.06	1
0.02	1
0.01	1

予測値を降順に並べたときの上位に
真のクラスが0になっているデータが多い場合

■ **図3.14**／予測値を降順にしたとき、上位に真のクラスが0をとるデータが偏っている場合のPR曲線

価する際にはPR-AUCを見ながら試行錯誤を重ね、ビジネスサイドには
作成したモデルのPR曲線を見せてどの閾値を使うのが良いかを相談する
イメージです。

▌ 3.11.1　ROC-AUCとPR-AUCの使い分け

　先にROC-AUCとPR-AUCの使い分けについて説明すると、Negative
とPositiveをバランスよく評価したい場合にROC-AUCを使用し、
Positiveが稀な不均衡データでPositiveが重要な場合にPR-AUCを使用し
ます。

　ROC曲線のAUCを求める場合は、False Positive RateとTrue Positive
Rateを用いて評価しているため、「Positiveに漏れがないか、Negativeを
Positiveと予測していないか（要するに、NegativeをNegativeと正しく予
測できているか）」をPositiveもNegativeも両方とも重要視しています。
そのため、ROC曲線はPositive、Negativeにかかわらず誤判定を出した

くない場合に有用な指標です。一方で、PR曲線のAUCを求める場合は、「Positiveの漏れがないか、Positiveと予測したときにPositiveと正しく予測できているか」のようにPositiveだけを重要視しています。

　不均衡データの予測では、Negativeは多数あるため、NegativeをPositiveと予測するケースは少ないです。ほとんどの割合をNegativeが占めている場合、ほとんどのPositiveをPositiveと正しく予測できていない場合でも、大多数のNegativeをNegativeと予測するモデルを構築するだけで、ROC-AUCの値は高くなる傾向があります。しかし、PR-AUCは、PrecisionとRecallのどちらの評価指標もPositiveを重要視しているので、いくらNegativeの予測が正しくても関係なく、Positiveと予測したときの結果がどうかで評価が変わります。繰り返しになりますが、Positiveが少なくNegativeが多いような不均衡データにおいてPositiveに注目したい場合は、ROC-AUCよりもPR-AUCの選択が適切です。

▌ 3.11.2　PR-AUCの算出

　では、Employee Promotion Dataを使って作成したモデルをPR-AUCで評価してみましょう。以下のコードを実行すると、PR-AUCが算出できます。

```python
from sklearn.metrics import auc, precision_recall_curve

# ラベルが1である予測確率を取得する
y_val_hat = clf.predict_proba(X_val)[:, 1]

# 予測確率を使って閾値を操作したPrecisionとRecallとその時の閾値の3つを算出
precision, recall, thresholds = precision_recall_curve(y_val, y_val_hat)
# AUCを算出する
pr_auc = auc(recall, precision)

print(f"PR-AUC: {round(pr_auc, 2)}")
```

```
PR-AUC: 0.27
```

　ROC-AUCと同様に、モデルの予測したクラスではなく、モデルの予測値（スコア）を用いていることに注意しましょう。Employee Promotion Dataを使って作成したモデルのPR-AUCは0.27です。ROC-AUCの場合は0.5が現実的な最悪値と前述しましたが、Employee Promotion DataにおけるPR-AUCが0.27という値はどう解釈すればよいのでしょうか。ROC-AUCの節では、デタラメな予測をするモデルの精度を測って現実的な最悪値と判断していたことを思い出して、それと同様に今回のケースでも最悪値を算出してみましょう。以下のコードを実行して、デタラメな予測をしたときのPR-AUCの値を確認してみましょう。

```python
import random

# 実行したときに同じ値になるように乱数のシードを固定する
random.seed(2022)
# 0から1の間の小数点つきの数値をy_valの長さ分だけ生成する
random_predict = [random.random() for _ in range(len(y_val))]

# ランダムに生成した値を使って閾値を操作したPrecisionとRecall
# およびそのときの閾値の3つを算出
precision, recall, thresholds = precision_recall_curve(y_val, random_predict)
# AUCを算出する
pr_auc = auc(recall, precision)

print(f"PR-AUC(Random Model): {round(pr_auc, 2)}")
```

```
PR-AUC(Random Model): 0.08
```

　デタラメな予測をするモデルの場合は0.08となることがわかりました。今回算出していたPR-AUCは0.27でしたので、少なくともデタラメな予測をするモデルより良いモデルと言えます。一方で、PR-AUCの値は評価用のデータのPositiveの数とデータの総数によって変わるため、常に0.08が最悪値であるとは限らない点に注意してください。

3.12 pAUC

　カーローンの与信審査を例に考えていきましょう。カーローンを組みたい顧客にローン返済能力があるかどうかの分類問題を解くアプローチを検討してみます。返済能力がない人に対してカーローンを組んでしまうと、資金の回収ができなくなってしまうことから、モデルが返済能力がある人（Positive）と判断して、実際は返済能力がない人（Negative）を選んでしまうのが最悪のシナリオです。ここで、予測の性能を測る際にROC曲線のFalse Positive Rateが0.8より大きい部分では、80％以上の人は返済能力がないのに返済能力があると誤って分類していることになります。カーローンを組んだうちの8割の顧客が返済できないとなると大きな損失になってしまいます。実用上はFalse Positive Rateが大きい部分には関心がないはずなのに、ROC-AUCで評価すると、False Positive Rateの全範囲を使うので関心のない部分も評価に含めてしまっています。このように、本当はビジネス的には良くないモデルなのに、評価指標によっては良いモデルのように誤解させてしまうことがあります。False Positive Rateが高い部分があると困るような問題設定において、ROC曲線を用いつつ、その意図に沿って評価する方法に**pAUC (Partial AUC)**があります。pAUCの発想はとてもシンプルで、ROC曲線のFalse Positive Rate（FPR）の範囲を絞って、AUCを算出します。ここで取り上げた例で言えば、顧客がカーローンを返済できなくても許容できる割合が1割だったとすれば、False Positive Rateが0から0.1の範囲だけでAUCを算出すれば、ビジネス要件に沿った分類の評価に近づきます。ただし、限られた範囲の曲線の下の面積を算出することになると、pAUCの最大値は1より小さくなってしまうので、scikit-learnの実装では値域を0から1までの値にするような正規化を行っている点に注意が必要です。pAUCは誤検出のリスクが高いローンの審査などの与信審査などに利用されています。例として、Employee Promotion DataのROC曲線を描画してみます（図3.15）。

```python
from sklearn.metrics import roc_auc_score, roc_curve

# ラベルが1である予測確率を取得する
y_val_hat = clf.predict_proba(X_val)[:, 1]
# 閾値を操作したときのFalse Positive Rate と
# True Positive Rateとその時の閾値の値を算出
fpr, tpr, thresholds = roc_curve(y_val, y_val_hat)
# ROC曲線を描画しつつ、AUCの値も凡例に記載する
plt.plot(fpr, tpr, label="ROC curve (area = %0.2f)" % roc_auc_score(y_val,
y_val_hat),)

# 0~0.2の範囲でのpAUCの算出
p_auc = roc_auc_score(y_val, y_val_hat, max_fpr=0.2)
# False Positive Rate が0.2以下の範囲でのFalse Positive Rate と True
Positive Rateのみ取得する
pfpr = fpr[fpr <= 0.2]
ptpr = tpr[fpr <= 0.2]
# pAUCの対象範囲の線を描画する
plt.plot(pfpr, ptpr, label="pROC curve (area = %0.2f)" % p_auc,)
# pAUCの対象範囲を塗りつぶす
plt.fill_between(pfpr, ptpr, 0, facecolor='darkorange', alpha=0.5)
# 凡例を表示する
plt.legend(loc="lower right")
# 横軸の名前をFalse positive rateにする
plt.xlabel("False positive rate")
# 縦軸の名前をTrue positive rateにする
plt.ylabel("True positive rate")
plt.title("ROC Curve")
# pAUCの塗りつぶし部分に"pAUC"というテキストを表示する
plt.text(0.05, 0.15, "pAUC")
plt.show()
```

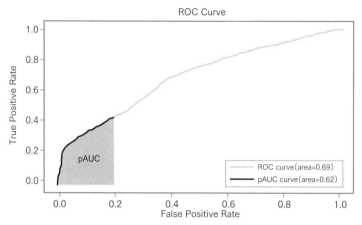

■ 図 3.15／pAUC（$\alpha = 0.0, \beta = 0.2$ とした例）

　ここで、pAUCは図3.15左の塗りつぶされている範囲のAUCを算出して、値域を0から1の間に揃えるための正規化処理を加えています。また、図3.15のように α, β に設定した値の範囲だけを評価に用います。そして、この α, β の値のように、False Positive Rateが低い部分ではモデルの予測値が高いデータをPositiveと判定しています。その部分のTrue Positive Rateが高くなるのは、モデルによるPositiveデータの予測値が多くの場合高くなるためです。そのため、誤ってPositiveと判断してしまう割合（False Positive Rate）が低い部分において、正しくPositiveのデータがPositiveであると判断する割合（True Positive Rate）を高めたい場合に利用されます。この特徴から、医療・製造・金融などの分野では、重要な指標としてよく使用されます。例えば、医療分野では、間違えて病気と診断してしまったときに、不必要な検査により余計なコストがかかってしまいます。そのような誤った診断を減らしたいため（多くの人は健康なのでFalse Positive Rateが低い部分で正しくPositiveを予測したい）、pAUCを評価指標に利用します。

　ROC-AUCの値は0.69、pAUCは0.62となっています。ROC-AUCとpAUCの2つの曲線の下の面積を比べると、少なくともpAUCは雑にみてもROC-AUCの4分の1以下になっているはずですが、2つの値を比較する

と0.07しか差がないので奇妙に思われたかもしれません。このような結果になるのは正規化が行われているためです。

▌ 3.12.1　pAUCの算出

では、Employee Promotion Dataを使って作成したモデルをpAUC（$\alpha = 0, \beta = 0.2$の場合）で評価してみましょう。以下のコードを実行するとpAUCが算出できます。

```
from sklearn.metrics import roc_auc_score

# ラベルが1である予測確率を取得する
y_val_hat = clf.predict_proba(X_val)[:, 1]

# pAUCを算出
p_auc = roc_auc_score(y_val, y_val_hat, max_fpr=0.2)
print(f"pAUC: {round(p_auc, 2)}")
```

```
pAUC: 0.62
```

ROC-AUC、およびPR-AUCと同様に、pAUCもモデルの予測したクラスではなく、スコアを用いていることに注意しましょう。Employee Promotion Dataを使って作成したモデルのpAUCは0.62になります。

Column
クラスの分布の変化による評価指標への影響

ROC-AUCは真のクラスの分布による影響を受けにくいと「3.10 ROC-AUC」で紹介しました。真のクラスの分布が他の評価指標ではどう影響するのか気になる方もいるのではないでしょうか。本コラムでは、その疑問を解消するために、クラスの分布による評価指標の値への影響を示した実験[Fawcett06]を紹介しつつ、実際に手元で確認していきます。

まず、その実験では、クラスの分布の変化による影響を確かめるため

に、PR曲線とROC曲線を使って図3.16のような比較をしています。

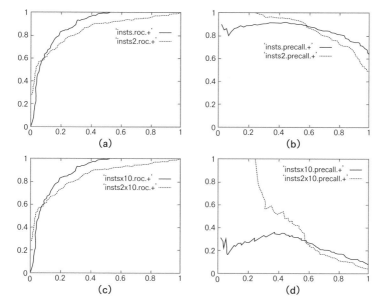

■ **図3.16**／クラスの分布によるPR曲線とROC曲線の影響の評価

図3.16にあるa,b,c,dは以下を表しています。

（a）クラス分布が1:1のときのROC曲線
（b）クラス分布が1:1のときのPR曲線
（c）クラス分布が1:10のときのROC曲線
（d）クラス分布が1:10のときのPR曲線

　図3.16を見ると、ROC曲線はクラスの分布の変化による影響は小さいことがわかり、PR曲線の場合はクラスの分布の変化によって大きく曲線に変化があることがわかります。このことからROC曲線に関してはクラスの分布の影響が少ない評価指標であることがわかります。
　実際にEmployee Promotion Dataでも検証してみましょう。コードはすべて記載していませんので、サポートサイトを参照してください。ここ

で、クラスの分布を調整するために、不均衡データの処理に用いられることが多いimblearn[1]というライブラリをインストールして利用します。

```
# 評価用のデータのクラスの分布をPositive: Negative = 1:1にする
strategy = calc_custom_storategy(y_val, weights=(1, 1))
rus = RandomUnderSampler(random_state=0, sampling_strategy=strategy)
X_resampled, y_resampled = rus.fit_resample(X_val, y_val)

# ここまでで紹介したすべての評価指標で評価する
evaluate(X_resampled, y_resampled)
```

　上記のコードでクラスの分布を1:1にして評価すると、以下のような結果が出力されました。

```
accuracy: 0.53
precision: 0.94
recall: 0.07
f1 score: 0.13
MCC: 0.17
True Positive Rate: 0.07
True Negative Rate: 1.0
G-Mean: 0.26
ROC-AUC: 0.69
PR-AUC: 0.72
pAUC: 0.62
```

　次にクラスの分布をPositive：Negativeで10：1になるようにして、以下のコードで評価してみます。

```
# 評価用のデータのクラスの分布をPositive:Negative = 10:1にする
strategy = calc_custom_storategy(y_val, weights=(10, 1))
rus = RandomUnderSampler(random_state=0, sampling_strategy=strategy)
X_resampled2, y_resampled2 = rus.fit_resample(X_val, y_val)
```

＊1　https://github.com/scikit-learn-contrib/imbalanced-learn

```
evaluate(X_resampled2, y_resampled2)
```

　結果は以下です。正解率、適合率、F1-score、MCC、PR-AUCなどの
評価指標がクラスの分布の影響を大きく受けていることがわかります。

```
accuracy: 0.91
precision: 0.67
recall: 0.07
f1 score: 0.12
MCC: 0.2
True Positive Rate: 0.07
True Negative Rate: 1.0
G-Mean: 0.26
ROC-AUC: 0.69
PR-AUC: 0.29
pAUC: 0.62
```

　しかし、「クラスの分布が変わるようなケースは現実世界ではそこまで
ないのでは？」という意見もあるかもしれません。Tom Fawcettの実験
[Fawcett06]では、以下のようなケースでは、クラスの概念が変わらな
くてもクラスの分布が大幅に変化する可能性があると指摘しています。

- 医学的な意思決定では、疫病の発生率が時間とともに増加することが
  ある
- 不正行為の検出では、不正行為の割合は、月ごと、場所ごとに大きく
  変化する
- 製造方法の変更により、製造ラインで生産される不良品の割合が増加
  または減少することがある

　このように、現実世界でもクラスの分布が途中で変化することもあり得
るので、評価指標を考えるうえで気をつけておくとよいでしょう。今回利
用しているEmployee Promotion Dataにおいても、業績次第で次回昇進
させる人数が変わってしまい、クラスの分布が変わる可能性もあります。

　また、ROC-AUCの特徴として、Positiveの数が極端に少ない不均衡データの場合、予測値を降順に並べ変えたときに、予測値が最低値のデータで真のクラスがPositiveをとるデータがあると評価値が大きく下がります。しかし、予測値が最大値のときに、真のクラスがNegativeをとるデータがあってもAUCに大きな影響はありません。

　このようにPositiveとNegativeの分布によってスコアに大きく影響すると、その解釈は大きく変わるため注意が必要です。

3.13 Employee Promotion Data データセットの評価

　本章ではEmployee Promotion Dataで作成したモデルをさまざまな評価指標で評価してきました。まとめると表3.1のようになります。これらの評価指標のうち、どれが適切なのでしょうか。

▼ **表3.1／二値分類の評価指標**

評価指標の名前	評価値
正解率 (Accuracy)	0.92
MCC (Matthews Coefficient)	0.19
G-Mean	0.26
適合率 (Precision)	0.63
再現率 (Recall)	0.07
F1-score (F-measure)	0.12
ROC-AUC	0.69
PR-AUC	0.27
pAUC (partial AUC, $\alpha = 0, \beta = 0.2$ のとき)	0.62

　適切な評価指標とは、1章でもふれられている通り"ビジネス上の要件"によって変化します。そう言われてもビジネス上の要件がよくわからないと思いますので、具体例をいくつか挙げて説明します。

　ここでは、このタスクにおけるビジネス上の目的を「分析対象の企業の昇進有無の判断のコストの削減」と仮定します。さっそく、分析による成果をどのように目標に置き換えるか考えていきましょう。そのためには、現状の把握が必要です。現状の把握では、現場の状況を担当者にヒアリングしたり、社内資料を確認したりします。その結果、昇進するかどうかの判断に現状900人月かかっている状況（評価を担当する人が10人に1人いる組織で、その担当者の工数が0.5人月の想定）がわかったとします。昇進判断を行う担当者は次のように話していたとします。

　「昇進させた後に降格させたり、解雇することがいろいろな事情で難しいので、昇進すべきでないものを間違えて昇進させるということは可能な限りないようにしている。また、昇進漏れは多少は許容するが、優秀な人材の離職につながるため、なるべく少なくしたい」

　この作業を現在の半分の450人月のコストで済ませたいと考えると、コストの削減目標は50%です。会社の経営に関わる重要な意思決定のため、昇進に関する判断をすべてをモデルだけで評価するのは危険です。そのため、まずモデルが昇進すべきと予測した社員を出力し、モデルから出力された社員の一覧から人の手で昇進すべきかどうかを確認する運用が考えられます。この運用を想定して工数を50%減らすには、調査対象を全体の50%の人数に抑える必要があります。

　このケースでは、どの評価指標を選択するべきで、モデルをどう評価するのがよいのか考えてみましょう。以下のようにビジネス要件を整理します。

- 昇進すべきでないものを昇進させるのはNG（False PositiveはNG）
- 昇進漏れは多少は許容するが少なくしたい
- コストの削減は50%必要
  - 単純に昇進すると予測する人数を最大でも全体の50%の人数に抑える

　この3つのビジネス要件を満たすにはどのような評価指標を使えばよいでしょうか。また、データセットのおおまかな特徴を以下にまとめます。

- 昇進しない人の方が昇進する人よりも多い不均衡データであること
- クラスの分布の大きな変化が起きる可能性があること
    - 昇進する人数は経営状況によって大きく変わる可能性があるため

　以上をふまえて、モデル同士の比較に利用する評価指標を検討していきます（表3.2）。

▼ **表3.2／評価指標ごとの検討内容**

評価指標	検討内容
正解率	「昇進すべきでないものを昇進させるのはNG」と「昇進漏れは多少は許容するが少なくしたい」を明確に満たせる評価指標ではないため、正解率は使わない方がよい。また、正解率は不均衡データの評価には不向きであり、クラスの分布が変わったときに大きくスコアが変動してしまうため、適切な評価指標ではないことがわかる
マシューズ相関係数（MCC）	正解率と同様の理由で評価指標としては利用しない方がよい
G-Mean	正解率と同様の理由で評価指標としては利用しない方がよい
適合率	「昇進すべきでないものを昇進させるのはNG」の要件を満たす。しかし、「昇進漏れは多少は許容するが少なくしたい」は満たせない。ただし、適合率は業績が極端に良かった、もしくは悪かったなどでクラスの分布が変わったときに大きくスコアが変動してしまう点には注意が必要
再現率	「昇進すべきでないものを昇進させるのはNG」の要件は満たせない。しかし、「昇進漏れは多少は許容するが少なくしたい」は満たせる
F1-score	適合率と再現率の両方を考慮しており、「昇進すべきでないものを昇進させるのはNG」の要件も「昇進漏れは多少は許容するが少なくしたい」の要件も満たせる。ただし適合率を利用しているため、クラスの分布が変わったときに大きくスコアが変動してしまう点には注意が必要
ROC-AUC	True Positive Rateを採用しているため、「昇進漏れは多少は許容するが少なくしたい」の要件は満たせる。また、「昇進すべきでないものを昇進させるのはNG」の要件もFalse Positive Rateにより評価ができるため満たせる。今回のデータがやや不均衡なデータなので、ROC曲線では高めのスコアになりやすい点には注意が必要な一方、ROC-AUCは両方のクラスに関心を持つような指標であるため、今回のように「昇進すべきでないものを昇進させる」や「昇進漏れ」のケースを減らしたいという目的では有用な指標と考えられる
PR-AUC	適合率と再現率の両方を考慮しているため、「昇進すべきでないものを昇進させるのはNG」の要件も「昇進漏れは多少は許容するが少なくしたい」の要件も満たせる。ただし、適合率を利用しているため、クラスの分布が変わったときに大きくスコアが変動してしまう点には注意が必要
pAUC	誤ってPositiveと予測するケースを減らすうえで有用な評価指標のため、「昇進すべきでないものを昇進させるのはNG」の要件を満たせる。

　以上を考慮し、今回のタスクにおいて単体で適切に使用できる評価指標は以下の3つです。

- ROC-AUC
- PR-AUC
- F1-score

　また、それぞれの要件を満たせる評価指標を1つずつ組み合わせれば、以下の評価指標も利用できます。

- 「昇進すべきでないものを昇進させるのはNG」の要件を満たせる評価指標
  - pAUC
  - 適合率
- 「昇進漏れは多少は許容するが少なくしたい」の要件を満たせる評価指標
  - 再現率

　ゼロから要件を整理していくのが難しいと感じる方や、要件で絞ることができたが最終的にどれを選べばよいのかいまいち判断できないという方もいるかもしれません。そういった方は、以下の分岐にしたがって評価指標を選択すると、手っ取り早く決められるかもしれません。

- 確率を予測することに関心がある場合
  - クラスラベルが必要な場合
    - Positiveクラスの方が重要、もしくは不均衡データの場合
      - →PR-AUCを採用する
    - 両方のクラスが重要な場合
      - →ROC-AUC を採用する
  - 確率値だけが必要な場合
    - →Brier Score と Brier Skill Score を採用する

- Brier Score と Brier Skill Score は予測した確率値の精度を評価するための評価指標
  - 天気予報のような特定のドメインではよく利用されているものの、機械学習プロジェクトの現場ではあまり見かけない評価指標のため、本書では詳細については紹介はしていない[*2]
- クラスラベルを予測することに関心がある場合
  - Positive クラスの方が重要な場合
    - False Negative と False Positive は等しく重要な場合
      - →F1-score を採用する
    - False Negative の方が重要な場合
      - →F2-score を採用する
    - False Positive の方が重要な場合
      - →F0.5-score を採用する
  - 両方のクラスに関心がある場合
    - 均衡データの場合
      - →Accuracy を採用する
    - 不均衡データの場合
      - →G-Mean や MCC を採用する

この分岐は参考文献 [Brownlee21] をもとに筆者がアレンジしました。
Employee Promotion Data であれば、以下の条件を満たす必要がありました。

- 昇進すべきでないものを昇進させるのは NG（False Positive は NG）
- 昇進漏れは多少は許容するが少なくしたい
- コストの削減は 50% 必要

まず、「確率を予測することに関心がある場合」なのか「クラスラベルを予測することに関心がある」のかについて考えてみましょう。昇進判断が

必要か否かをクラスで判別するため、確率値は必要ありませんので、後者に該当します。次に「Positiveクラスの方が重要な場合」、「両方のクラスに関心がある場合」のどちらであるかを考えます。今回はPositiveクラスを見つけたいという意図なので、前者に該当します。最後に「False NegativeとFalse Positiveは等しく重要な場合」、「False Negativeの方が重要な場合」、「False Positiveの方が重要な場合」のどれかに該当するかを考えます。「昇進すべきでないものを昇進させるのはNG」の条件と「昇進漏れは多少は許容するが少なくしたい」の条件から、どちらかというと「False Positiveの方が重要な場合」のように見えるので、F0.5-scoreが妥当であると判断できます。このようにこの分岐を利用すると評価指標についてはあまり悩む必要がなくなります。

3.14 ビジネスインパクトの期待値計算

　学術的な研究分野ではなく、モデルをビジネスで活用している場合、そのモデルの良し悪しはビジネスで目指す数値がどれだけ改善したかというビジネスインパクトで決まります。極端な表現ですが、もし選択した評価指標で満足のいくスコアが出たとしても、実際に運用してみると赤字を垂れ流すモデルがあったとします。まともなビジネスマンであればそのモデルの運用を続けたいとは考えないでしょう。そこでデータサイエンティストを名乗っていたら、クライアントや上司から「そのモデルをリリースしたら、いくら儲かるの?」という質問を投げかけられるかもしれません。ここまで紹介してきた評価指標のどれも、金額を計算しているわけではないため、その答えを出すのは難しいでしょう。そこで本節では、ビジネスインパクトの期待値を計算する方法を紹介していきます。

3.14.1 一般的な評価指標の問題点

　ここまではモデルの性能を評価するための評価指標を紹介してきまし

た。これらの評価指標が、実際にKPI（Key Performance Indicator）に対してどれだけインパクトがあるのか判断がつきません。例えば、作成したモデルのAUCが0.9だった場合、評価指標においてはかなり良さそうなモデルではあります。しかし、この結果がどの程度KPIに対してインパクトがあると言えるでしょうか。おそらく何とも言えないでしょう。「1.5.2 評価指標とKPIの関係」でも言及していますが、データサイエンティストはあくまで会社の売上を伸ばすために雇用されているので、最終的なKPIを改善できるモデルを作成すべきです。「データサイエンスの力で最終的なKPIを伸ばせない」と世の中の会社が判断してしまうと、高給を払ってまでデータサイエンティストを雇用するモチベーションが失われてしまい、その結果データサイエンティストの職種は冷遇されてしまいます。「1.6 評価指標の決め方を間違えないために」でも説明したので繰り返しになりますが、これを回避するには"基本的な方針としては機械学習モデルの出力に応じて実行されるビジネス施策の結果から生じる売上とコストを考え、その双方を天秤にかけて考えること"が重要です。そのために、"ビジネス施策の結果から生じる売上"を算出する必要がありますが、一般的な評価指標ではそれが行えません。なぜかというと、モデルの予測結果はそれぞれの結果ごとにビジネス上の価値を持っているものの、ここまで紹介してきた評価指標ではPositiveとNegativeにそのビジネス価値を反映するしくみがなかったためです。例えば、ある商品のクーポン付きDMを配布する施策で、その商品を購入してくれるか否かの分類で考えてみます。このモデルの場合、予測結果がTrue Positiveのときに10,000円の商品を購入してくれますが、False Positiveだった場合に80円のコストがかかるとします。評価指標ではそれぞれの予測結果を等価に評価しているため、"金額を最大化することには関心がありません"。この施策で使用するモデルの評価指標にPrecisionを選び、Precisionの値が1.0だとしても、True Positiveが少なく、True Negativeが多くなり、少数にだけDMを送るモデルになってしまうかもしれません（ビジネスの目的を考えると微妙なモデルと言えます）。また、Recallを評価指標に選んで、そのスコアが1.0だったとしても、漏れはないがFalse Positiveが増えることで、赤字を出すモデルになってしまうかもしれません。

本節では、このような評価指標の問題点を解決できるビジネスインパクトの期待値を計算する方法について紹介します。

3.14.2 ビジネスインパクトの期待値の計算I

では、実際にEmployee Promotion Dataを用いて、ビジネスインパクトの期待値を計算する方法をゼロベースで考えていきましょう。まず、以下の費用を算出することでビジネスインパクトの期待値を計算できます。

- モデルの採用により発生する期待コスト ($\hat{C}_{all}$)
  - モデルで昇給と判断された人の人事評価にかかる人件費 ($\hat{C}_{human}$)
  - モデルの運用コスト ($\hat{C}_{ops}$)
- 現在の運用により発生しているコスト (C_{all})
  - 人事評価にかかる人件費

上記を洗い出した結果から、モデル採用時の人事評価コストについては以下のように計算できることがわかります。

$$\hat{C}_{all} = \hat{C}_{human} + \hat{C}_{ops}$$

これをふまえて、ビジネスインパクトの期待値を計算していきましょう。次に現在の運用コストから削減できる費用は、以下のようにして求められます。

$$現在の運用から削減できる費用 = C_{all} - \hat{C}_{all}$$

現在の人事評価コストは、人事評価をする人の1人月のコストと実際にかけた人月の積で求められます。ここで、人事評価をする人の1人月のコストはマネージャークラスの人のコストなので、2,000,000円とします。また、現状評価に900人月かかっているとすると、以下によって現状の評価にかかっているコストが求められます。

$$C_{all} = 2,000,000 \times 900 = 1,800,000,000 \text{ 円}$$

このとき採用を考えているモデルの混同行列の各要素は、以下のように
なっているとします。

- True Positive：110
- False Positive：47
- True Negative：16,566
- False Negative：1,364

モデル採用時の人事評価コストは、すべての社員のうちモデルが
Positiveと判定した人だけを評価すること、仮に全社員の評価に4人月か
かることから、以下のように表現できます。

$$\hat{C}_{human} = \frac{TP + FP}{TP + FP + TN + FN} \cdot C_{all}$$
$$\simeq 0.0086 \times 1,800,000,000$$
$$= 15,480,000 \text{ 円}$$

エンジニアが1日稼働すれば、一度の予測が終わると仮定して、エンジ
ニアの1人月が100万円だとすると、運用にかかる費用は1回あたり100万
円/30日=5万円となります。インフラ費用については、ローカルでの実
行を想定し0円とします。

これらをモデル採用時の1回の人事評価コストの式に代入すると、以下
のように削減できる費用を定式化できます。

$$\hat{C}_{all} = \hat{C}_{human} + \hat{C}_{ops}$$
$$= 15,480,000 + 50,000$$
$$= 15,530,000$$

これを現在の運用から削減できる費用の式に代入します。

$$\text{削減できる費用} = C_{all} - \hat{C}_{all}$$

$$1,800,000,000 - 15,530,000 = 1,784,470,000 \text{ 円}$$

これを人事評価コストを削減できた割合にするため、現在の1回の人事評価コストで割ると、$1,784,500,000$ 円$/1,800,000,000$ 円 $\simeq 0.991$ となります。人事評価コストの削減目標を50%以上としていましたので、上記のモデルでは90%も削減できており、明らかに達成できていることがわかります。

このように、ビジネスインパクトがわかりやすい金額ベースで期待値を計算できると、スムーズな意思決定につながります。しかし、「おお、これは素晴らしい結果だ！」と言って運用をはじめると、大きな問題があることに気づくことになります。明らかに評価する人数が少ないという問題です。このモデルによる混同行列を見ると、評価しない人のうち、昇進すべき人数 (False Negative) が1,364人も存在しており、多くの人が不適切な評価を受けてしまっています。なぜこのような計算をしてしまったのでしょうか？ それは、このコストの計算方法が、"評価しないことに対して何のコストもない"ため、「誰も評価しない」ことが最適な戦略だからです。元々のKPIとなる人事評価コストの削減の性質自体が「評価することで発生するコストは明確」なのに対し、「評価をしないことで発生するコストを金額で表現するのが難しい」ため、ビジネスインパクトを金額で表現しにくいのです。そうであれば、KPIを人事評価にかかる人件費によるコストだけでなく、以下のような観点も加えて評価を行なった結果、発生するすべての損益をKPIにすればよいのではと考えるかもしれません。

- 昇進すべき人を昇進した場合
  - その人がプロジェクトを推進することで未来に発生させる利益
- 昇進させてはいけない人を昇進した場合
  - 無駄な人件費によるコスト
  - 未来にプロジェクトを炎上させることで発生するであろうコスト
- 昇進すべき人を昇進しなかった場合
  - 優秀な人の退職が発生し、新たに人を採用するコスト

　上記のように洗い出しを行なってみたところで、これらのビジネスへの影響が多岐にわたるため、限りなく難しい計算になることがわかるでしょう。このように、モデルの予測結果によって発生するコスト構造の把握が難しい課題に対して、赤ペンを舐めてコスト行列（後述）を設計してしまうと、考えるだけで冷や汗が出るほどの大きな事故につながってしまうこともあります。そうならないためにも、KPIやコスト行列の設計には十分な注意が必要です。Employee Promotion Dataのようなケースでは、コストを考慮しない評価指標そのものをKPIに設定するのが無難でしょう。

▎3.14.3　ビジネスインパクトの期待値の計算2

　Employee Promotion Dataの例では、ビジネスインパクトの計算が難しかったので、今度ははがきによるDM送付の例で考えてみましょう。まず、はがきによるDM送付にかかるコスト問題について説明します。これまでA社では、顧客リストからランダムサンプリングした一定数の顧客に対してDMを送付し、過去のデータを蓄積しています。今回は、これまでDMを送付していない顧客をDM送付対象者とします。ここであなたは、この送付対象者リストをモデルに入力し、それぞれの顧客が購入するかしないかを予測するモデルを作成します。そして"購入する"とモデルが予測した顧客にのみDMを送信します。顧客はDMを受け取って、気になったものがあれば、近くの販売店で商品を購入するため商品の配送料は考えません。話を簡単にするため、はがきに記載されている商品は1種類のみで、税込価格1,000円を想定します。また、DMを送付するコストは100円かかるとします。以上がDM送付問題の概要です。

　まずは、True Positive、False Positive、True Negative、False Negativeのそれぞれ4つの項目が、KPIである利益にどのような影響を与えるか整理していきます。

- True Positive (C_{TP})
  - モデルが「購入する」と予測した顧客がDMを受け取って購入した。発生する利益は1,000円−100円=900円

- False Positive（C_{FP}）
  - モデルが"購入する"と予測した顧客が購入しなかった。発生する
    利益は−100円
- True Negative（C_{TN}）
  - モデルが"購入しない"と予測してDMを送っても購入しない顧客
    だった。発生する利益は100円（DM送信費用が不要になったた
    め）
- False Negative（C_{FN}）
  - モデルが"購入しない"と予測したがDMを送っていたら購入して
    くれる顧客がいた。機会損失により利益は−900円

　このように、それぞれのコストを整理したものをコスト行列と呼びま
す。コスト行列については次節で詳しく解説します。上記では例示を目的
とし、すべてのコスト行列の各要素に何らかの費用が発生するように設計
したため違和感があるかもしれません。例えば、False Negativeによる機
会損失を考慮せずに、実際に発生するコストだけを評価に加えた方が良い
モデルになる可能性もあります。

　発生する利益を計算するには、上記のすべてのパターンで得られた値と
それぞれのサンプル数との積を足し合わせるだけです。以下のような数式
で表すことができます。

モデルが$Positive$と予測したときにのみDMを送ったときの利益

$$= TP \cdot C_{TP} + FP \cdot C_{FP} + TN \cdot C_{TN} + FN \cdot C_{FN}$$

　前述のEmployee Promotion Dataと同じですが、このモデルの混同行
列の各要素が以下だったとします。

- True Positive：110
- False Positive：47
- True Negative：16,566
- False Negative：1,364

この場合に発生する利益は、以下のように計算できます。

モデルが *Positive* と予測したときにのみ *DM* 送付したときの利益
$$= 110 \cdot 900 + 47 \cdot -100 + 16,566 \cdot 100 + 1,364 \cdot -900$$
$$= 523,300 \text{ 円}$$

利益は 523,300 円の黒字となります。

全員に DM を送った場合は以下のように計算できます。

全員に *DM* 送付したときの利益
$$= ((TP + FN) \cdot 900) + ((FP + TN) \cdot (-100))$$
$$= ((110 + 1,364) \cdot 900) + ((47 + 16,566) \cdot (-100)) = -334,700$$

利益は −334,700 円となり、赤字です。この結果から、モデルを利用するかどうかは容易に判断できます。

極端な例ですが、モデルの送付対象となる顧客リストが 20 万人に増えた、といった場合にどの程度の利益が見込めるのかを見積もりづらいため、期待値を導入します。期待値は True Positive、False Positive、True Negative、False Negative のそれぞれが出た場合の損益と、その結果が出る確率との積を足し合わせて計算します。具体的には以下のような数式となります。

1 人あたりの損益の期待値
$$= p(TP) \cdot C(TP) + p(FP) \cdot C(FP) + p(TN) \cdot C(TN) + p(FN) \cdot C(FN)$$

ここで、$p(TP)$ は True Positive が出る確率、$C(TP)$ は True Positive が出たときの利益を表しています。

True Positive、False Positive、True Negative、False Negative それぞれの確率を計算するには、以下のようにそれぞれの値を 4 項目の合計値で除します。

$$p(y, \hat{y}) = \frac{count(y, \hat{y})}{TP + FP + TN + FN}$$

　ここで、yは真のクラス、$\hat{y}$は予測されたクラスを表し、$count(y, \hat{y})$ は真のクラスと予測されたクラスの組み合わせが出現した数（4項目のうちの1つの値）です。

　上記の式を使って4項目のそれぞれの確率を計算すると、以下のようになります。

- True Positive：$p(True, Positive) = 110/18,087 \simeq 0.006$
- False Positive：$p(False, Positive) = 47/18,087 \simeq 0.003$
- True Negative：$p(True, Negative) = 16,566/18,087 \simeq 0.915$
- False Negative：$p(False, Negative) = 1,364/18,087 \simeq 0.075$

　上記を用いて、1人あたりの損益の期待値は以下のように計算できます。

1人あたりの損益の期待値
$$= p(TP) \cdot C(TP) + p(FP) \cdot C(FP) + p(TN) \cdot C(TN) + p(FN) \cdot C(FN)$$
$$= (0.006 \times 900) + (0.003 \times (-100)) + (0.915 \times 100) + (0.075 \times (-900))$$
$$\simeq 29.1 \text{円}$$

　1人あたりの利益の期待値は29.1円となり、顧客リストが20万人になった場合の利益は 29.1 円 $\cdot 200,000$ 人 $= 5,820,000$ 円と見積もることができます。今回はDM配送コストを含んだコスト行列を設計しましたが、そもそも機会損失をコスト行列に含まない方が実際にモデルがもたらす利益を表現しているのではないかと考えることもできます。コスト行列の設計は自由度が高く、さまざまな要望に応えることができる一方で、どの要素がビジネスに対して最適なのかを見極める必要がある点に注意してください。

　評価指標のスコアでは施策を実行するか否かを判断しにくかったのですが、このように期待値を使うことで、予測結果がどの程度ビジネスのKPIに影響を与えるかをKPIと同じ単位で表現できるため意思決定に役立ちます。また、本節で紹介したアプローチについてより詳しく学びたい方は参考資料［Provost14］を参照するとよいでしょう。

▌3.14.4　ビジネスインパクトによる閾値調整

　ここまで、分類モデルによる判定は、閾値0.5を超えたかどうかで分類を行った結果に対して、評価を行ってきました。閾値を調整することで評価指標のスコアを高くすることもできますが、ビジネスインパクトの期待値を計算しておくことで、閾値の調整がKPIの達成に結びつけやすくなります。

　ここでRecallを使って閾値を調整することを考えます。このとき、ビジネスで最低限必要なPrecisionのスコアを保ちつつ、Recallのスコアがなるべく大きくなるように閾値を調整するのが一般的です。このようにスコアが高ければ高いほどKPIの上昇に寄与しやすい評価指標を選んでいたとしても、評価指標自体は分類の正しさに注目しており、ビジネスモデル固有のコスト行列のように、個々の要素が影響する期待値を反映していません。そのため、これらの評価指標を使って閾値を調整してビジネスに適用したときに、想定よりもKPIの上昇に寄与しづらいケースもあり得ます。一方で、ビジネスインパクトの期待値を計算しておくと、このビジネスモデル固有のコスト行列を評価に加えられることから、ビジネスインパクトの期待値の最大化がKPIの最大化に寄与しやすくなります。

　ここでは、ビジネスインパクトの期待値を利用した閾値の調整方法として、利益曲線を描画する方法を紹介します。**利益曲線**とは、ここでは横軸を閾値、縦軸をその閾値のときのビジネスインパクトの期待値を表した曲線で描画したものを指します。

　ポルトガルの銀行の電話を使ったマーケティング施策をもとに作成した「Banking Dataset - Marketing Targets」データセット［RATH20］を使って描画してみましょう。

https://www.kaggle.com/datasets/prakharrathi25/banking-dataset-marketing-targets

　Employee Promotion Dataと同様にデータセットをダウンロードした後、dataフォルダ以下のbanking_datasetフォルダ内にtrain.csvを配置します。データセットは、年齢、職種、教育水準、電話によって定期預金を

契約したかなどをカラムに持ちます。このデータを用いて、定期預金の契約に至る可能性が最も高い顧客を特定するタスクを考えます。では、前述のDM送付施策の例のように、コスト行列を考えてみましょう。外注先のコールセンターの人件費がワンコールあたり200円かかっているとします。

このとき、この施策のビジネスモデルが明記されているわけではないので、利益については以下のようになっていると仮定します。

- True Positive：契約による1人あたりの利益。10,000円−200円 =9,800円
- False Positive：無駄に営業をしたコスト。−200円
- True Negative：人件費はかからないとする。0円
- False Negative：機会損失を含めない。0円

これをコスト行列として、利益曲線を描画してみます。

```python
import numpy as np
from sklearn.linear_model import LogisticRegression
from sklearn.metrics import confusion_matrix
from sklearn.naive_bayes import GaussianNB


# 期待値を計算するための関数
def calc_expected_value(conf_matrix):
    # コスト行列
    TP_COST, FP_COST, TN_COST, FN_COST = 9500, -500, 0, 0
    tp, fn, fp, tn = conf_matrix.flatten()

    # 各項目の出現確率を算出
    number_of_sample = np.sum(conf_matrix)
    tp_rate = tp / number_of_sample
    fp_rate = fp / number_of_sample
    tn_rate = tn / number_of_sample
    fn_rate = fn / number_of_sample
    # 利益の期待値を計算
```

```python
    return (tp_rate * TP_COST) + (fp_rate * FP_COST) + (tn_rate * TN_COST)
+ (fn_rate * FN_COST)


# 利益曲線を描画する関数
def benefit_curve(clf_list, X_val, y_val):
    # 分類器ごとに利益曲線を描画する
    for clf in clf_list:
        y_val_hat_proba = clf.predict_proba(X_val)

        expected_value_list = []
        thresh_list = []
        for proba in np.sort(y_val_hat_proba[:, 1]):
            # 予測したラベル
            y_val_hat = (y_val_hat_proba[:, 1] > proba).astype(int)
            # 混同行列を作成する
            conf_matrix = confusion_matrix(y_val, y_val_hat, labels=[1, 0])
            # 期待値を計算
            expected_value = calc_expected_value(conf_matrix)
            expected_value_list.append(expected_value)
            thresh_list.append(proba)
        # コストが最大のときのインデックスの番号を取得する
        max_cost_index = expected_value_list.index(max(expected_value_list))
        plt.plot(thresh_list, expected_value_list, label=f"{clf.__class__.__
name__}")
        print(f"{clf.__class__.__name__}を使ったときに利益が最大になる閾値:
{thresh_list[max_cost_index]}")
    plt.xlabel("threshold")
    plt.ylabel("expected value")
    plt.legend(bbox_to_anchor=(1, 1), loc='upper right', borderaxespad=0,
fontsize=10)
    plt.show()


train_df = pd.read_csv('../data/banking_dataset/train.csv', sep=";")

# 前処理する
train_df = label_encoding(train_df)
# 教師ラベルを取り出す
y = train_df.pop('y').values
```

```
# 学習用データと検証用データを分離する
X_train, X_val, y_train, y_val = train_test_split(train_df, y, test_
size=0.33, random_state=42)
X_train, X_val = standard_scale(X_train, X_val)

# 学習済みの分類器を clf_list に配置する
clf_list = []
for clf in [LogisticRegression(max_iter=200, random_state=2020),
GaussianNB()]:
    clf.fit(X_train, y_train)
    clf_list.append(clf)

# 利益曲線を描画する
benefit_curve(clf_list, X_val, y_val)
```

LogisticRegressionを使ったときに利益が最大になる閾値: 0.06102603455402777
GaussianNBを使ったときに利益が最大になる閾値: 0.03954054585719427

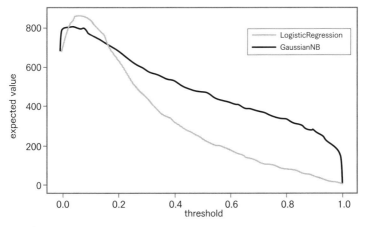

■ **図 3.17**／利益曲線

　ここでは、ガウシアンナイーブベイズとロジスティック回帰を用いた2
つのモデルを作成し、利益曲線を描画しています（図3.17）。この2つのモ

デルの利益が最大になる閾値を比較すると、ロジスティック回帰モデルの方が高いことが読み取れます。このように、利益曲線による閾値を確認することで、ビジネスインパクトの期待値の変化を考慮したモデル選択を行いつつ、期待利益が最大化する閾値を設定できます。今回はロジスティック回帰の閾値には、利益が最大となる0.06を設定すればよさそうです。念のため、利益が最大になる0.06では、どのような予測結果になるのか確認するために、混同行列を描画してみましょう。

```python
# 閾値を指定する
y_val_hat = (clf.predict_proba(X_val)[:, 1] > 0.06102603455402777).
astype(int)

# 混同行列を作成する
conf_matrix = confusion_matrix(y_val, y_val_hat, labels=[1, 0])
df_confusion_matrix = pd.DataFrame(conf_matrix, columns=["Positive",
"Negative"], index=["Positive", "Negative"])

# 作成した混同行列をヒートマップの形で描画する
sns.heatmap(df_confusion_matrix, fmt="d", annot=True, cmap="Blues", annot_
kws={"fontsize": 20})
plt.xlabel("model output class")
plt.ylabel("actual class")
plt.show()
```

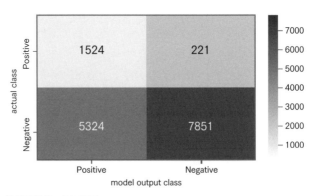

■ **図 3.18**／閾値調整後の混同行列

　閾値調整後の混同行列は図3.18です。従来の評価指標と異なり、ビジネスインパクトを示す利益の期待値の最大化を念頭に閾値を決められるため、ビジネス側への説明もしやすい便利な手法です。閾値の設定をPR（Precision-Recall）曲線を眺めながら考えあぐねる必要もありません。また、ビジネスインパクトの期待値を計算するこの方法は、正解率などで問題視されていた不均衡データの問題に対しても解決策の1つとして考えることができます。そもそも不均衡データの評価で問題となるのは、ビジネスモデルとしては少数派のデータを正しく分類することに関心があるのに、多数派のデータに対して偏って分類するモデルが良いモデルであると評価してしまうからでした。つまり、1章の繰り返しになりますが、評価指標で評価したいことと、ビジネスで達成したいことにズレが出てしまう可能性があるので、不均衡データを正解率で評価する場合は気を付ける必要があるのです。仮に多数派のNegativeを重視するのであれば有利な性質となりますが、残念ながら少数派のPositiveに着目することが多いと言えます。一方でビジネスインパクトの期待値を利用すれば、ビジネスの要件をコスト行列やビジネスインパクトの期待値の計算に用いる数式に書き下しているので、多数派のNegativeや少数派のPositiveを重視する場合であっても、ビジネスに沿った形で評価できます。これにより、ビジネスの実態を正しく設計するための手間はかかるものの、どんな分類モデルであろうと最終的なアウトカムが大きいモデルが最も良いモデルであると判断できます。したがって、評価指標のしくみの問題というよりは、正解率のような不均衡データの影響を受けやすい評価指標を使うとビジネスとのギャップが生まれやすいという問題が根底にあることがわかります。

　他にも実例を知りたい方は、参考資料[amazon16]を参照してください。Amazonによる顧客の解約予測データセットを用いた、ビジネスインパクトの期待値を用いたモデルの評価とモデルの閾値の決め方が解説されています。

3.15 コスト考慮型学習

前節では、モデルの閾値調整によってビジネスインパクトの期待値を計算する方法について解説しました。それに対し、コストを用いて期待値を得る**コスト考慮型学習**（**Cost-sensitive Learning**）という手法があります。

「Banking Dataset - Marketing Targets」の例を用いて、コストについて考えてみましょう。コストの中でも理解しやすい誤分類コスト（後述）を用いてコストの構造を整理すると表3.3のようになります。

▼ **表 3.3**／誤分類コストによるコスト構造

	契約してくれる人	契約しない人
契約してもらえると判断	契約による利益	契約しない人に電話したことによる人件費
契約しないと判断	機会損失	-

このとき、商材が1つだけであれば、どの人もコストの構造は変わりません。商材が複数あり、1人で複数を契約する場合は、コストの構造が変わってきます。詳細については後述しますが、これらのコストの構造を行列の形で表現したものを**コスト行列**と呼びます。このコスト行列を用いたアプローチが数々提案されているので、本節ではそのアプローチについて紹介していきます。

Lingら [Ling10] は、コスト考慮型学習で提案されているアプローチについて、直接法（Direct Method）とコスト考慮型メタ学習法（Cost-sensitive Meta-learning Method）の2つの方法があるとし、さらにコスト考慮型メタ学習法についてはさらに閾値とサンプリングによってさらに2つの方法があるとしています。まとめると以下の通りです。

- コスト考慮型学習 (Cost-sensitive Learning)
  - 直接法 (Direct Method)
    - コストを損失関数などに直接導入して利用する方法
  - コスト考慮型メタ学習法 (Cost-sensitive Meta-learning Method)

- 閾値
  - 通常の学習を行なったモデルの出力に対する閾値を、コストに応じて変更する
- サンプリング
  - 学習データのクラスの分布を変更したり、コストにしたがって重み付けたりする

3.15.1 コスト行列

コスト考慮型学習では、コスト行列を表3.4のように定義します。

▼ **表 3.4**／コスト考慮型学習のコスト行列

	真のクラスが Positive	真のクラスが Negative
モデルが Positive	c_{11}	c_{10}
モデルが Negative	c_{01}	c_{00}

また、以下のようにコスト行列が満たすべき条件 (Reasonableness) が提案されています。

- $c_{10} > c_{00}$、および $c_{01} > c_{11}$ を満たす
- $j = \{0, 1\}$ に対して $c_{mj} \geq c_{nj}$ を満たすことを回避する
  - ここで、m と n は任意のモデルが予測する行であり、$m \neq n$

1つ目の条件は正解したときのコストより、間違えたときのコストの方が大きくなることを保証します。この条件を満たさない場合は、モデルが間違えたときにコストが小さくなるため、わざと間違えるモデルが良いモデルとみなされてしまいます。

2つ目の条件を満たす場合、真のクラスが何であろうとコスト行列の任意の行を予測するコストは、コスト行列のもう片方の行を予測するコストより大きくなりません。より具体的に言うと、$c_{00} \geq c_{10}$ と $c_{01} \geq c_{11}$ を満たす場合はPositiveを予測すると常にコストが最小化され、$c_{10} \geq c_{00}$ と

$c_{11} \geq c_{01}$ を満たす場合は Negative を予測すると常にコストが最小化されるということを抽象化した条件になっています。これを満たしてしまうと、モデルは常に同じクラスを予測すればコストを最小化できてしまい、偏った予測をするモデルが良いことになってしまいます。例えば、表3.5のように2つのクラスを持つコスト行列があったとします。

▼ **表 3.5** ／二値分類でのコスト行列

	真のクラスが Positive	真のクラスが Negative
モデルが Positive と予測	$10(c_{11})$	$20(c_{10})$
モデルが Negative と予測	$100(c_{01})$	$200(c_{00})$

　このようなコスト行列の場合、モデルがどのような予測をするとコストが最小になるか考えてみると、Negative で正解したとしても、Positive と予測したときよりもコストが高くなってしまうので、モデルは常に Positive と予測することになります。常に Negative に予測するモデルが良いとするモデルでは、機械学習を利用する価値がないため、このような設計であれば確実にコスト行列の設計を間違えているので考え直しましょう。

　コスト行列は Reasonableness の条件を満たしていれば、自由に設計できます。前述の「Banking Dataset - Marketing Targets」データセットでは、契約するかしないかの分類を誤ったときのコストを考えました。これ以外にもさまざまなコストの提案があります。以下で主なコストの提案について紹介します。

- コストの種類 [Turney00]
  - 誤分類コスト (Cost of Misclassification Errors)
    - 分類を誤ったときに発生するコストを考慮するアプローチ
  - 検査コスト (Cost of Tests)
    - 検査を行うためのコストを考慮するアプローチ
    - 実世界の医療診断において、血液検査にお金を払うことはたびたび発生するでしょう。極端な例ですが、この血液検査に10万円

かかるが、特に日常生活に困るわけでもなく、悪化しても命に別
状はない病気であると診断されたとしましょう。このとき多くの
人はこの血液検査を受けたりはしないでしょう。しかし、治療が
遅れると死にいたる病だったらどうでしょうか。おそらく多くの
方が検査をして、適切な治療を受けたいと考えるでしょう。ここ
で言う検査に必要なコストを考慮するのが検査コストです。

○ 教師コスト（Cost of Teacher）
   ■ 教師ラベルを付与するコストを考慮するアプローチ
   ■ 自分で分類した場合の誤分類コストと、分類しなかった場合の教
     師ラベルの付与にかかるコストを天秤にかけることで、正しく分
     類するのが簡単なサンプルについては自分で分類して、分類が難
     しいサンプルについては教師に分類を依頼します。

○ 介入コスト（Cost of Intervention）
   ■ モデル化した事象に対して、特徴量を変化させるためのコストを
     考慮するアプローチ
   ■ 例えば、石油の蒸留のような連続的なプロセスで「センサーＡの
     値がＢより大きければ、製品Ｃの収量が増える」というルールが
     あったとします。このルールに因果関係があるとすれば、セン
     サーＡの値が常にＢより大きくなるように製造プロセスに介入す
     ることで、製品Ｃの量を増やすことができるかもしれません。介
     入コストは、その特徴量を変化させるために製造プロセスに介入
     するのに必要な労力を表しています [Verdenius91]。

○ Cost of Unwanted Achievements
   ■ 特徴量を変化させるための介入を行なったときの介入操作によっ
     て、特徴量が変化しない割合のコストを考慮するアプローチ
   ■ 介入コストの例のように、ルールを使って因果関係に介入する場
     合、誤分類コストの性質が変化します。例えば、「センサーＡの
     値がＢより大きい場合、製品タイプＣの歩留まりが向上する」と
     いうルールがあったとします。このルールを使って予測を行う
     と、誤った予測には誤判定コストが発生します。仮に、「セン
     サーＡの値がＢより大きい」を満たすケースで90％の予測が正し

くできた場合、「センサーAの値が常にBより大きくなるように
製造プロセスを操作すれば、90%の確率で製品Cの収量が増加
する」と予測できます。残りの10%は、この法則を使うことで
発生するコストであり、製品Cの歩留まりを上げることができま
せん。この10%は、このルールの「Unwanted Achievements」
と呼ばれます [van Someren97]。

- ○ 計算コスト (Cost of Computation)
  - 特徴量の生成、モデルの学習、モデルの評価計算に必要なコスト
    を考慮するアプローチ
- ○ Cost of Cases
  - データ (例、特徴ベクトル) の取得にかかるコストを考慮するア
    プローチ
- ○ Human-Computer Interaction Cost
  - 特徴を見つけること、学習アルゴリズムの性能を最適化するため
    の正しいパラメータを見つけること、学習アルゴリズムが必要と
    する形式へのデータの変換、学習アルゴリズムの出力の分析、学
    習アルゴリズムや学習したモデルへのドメイン知識の取り込みな
    どにかかるコストを考慮するアプローチです。
- ○ Cost of Instability
  - 学習モデルの不安定性をコストとして考慮したアプローチ

　前節の「Banking Dataset - Marketing Targets」データセットの例示の
際に、商材が複数あり1人で複数の契約があり得る場合は、人によってコ
ストの構造が変わってくると説明しました。何らかのデータの性質でコス
トが変化する場合は、以下のようにコスト行列の構造を仮定する手法が提
案されています。自分の行なっているビジネスに即しているコストやコス
ト行列を採用し、利用してください。

- クラス依存のコスト行列 (Class-dependent Cost Matrix)
  - ○「3.14 ビジネスインパクトの期待値計算」で紹介したコスト行列のよう
    に True Positive・False Positive・True Negative・False Negative

のような予測結果ごとにコストが異なるようなコスト行列です。クラスによってコストが異なり、各サンプルではすべてコストは同じであることを仮定します。

- サンプル依存のコスト行列 (Example-dependent Cost Matrix)
  - サンプルごとに各予測結果ごとのコストが異なっているようなコスト行列です。サンプルによってコストが異なっていることを仮定します。

Column ──────────────────────────────

直接法 (Direct Method)

直接法とは、学習アルゴリズムに直接変更を加えて、コストを考慮して学習するアプローチです。本書の興味の範囲外なのでかんたんに紹介します。Zhang らは、以下の2つの手法を組み合わせて不均衡データに対応する手法を提案 [Zhang13] しています。

- Positive クラスと Negative クラスに異なる誤分類コストを用いて、非対称的にペナルティを加えるパラメータを導入することにより、コストを考慮した SVM (Support Vector Machine) に拡張した手法
- CQEnsemble という AdaBoost アルゴリズムを用いて、アンバランスなサンプルの比率に応じてサブ分類器を学習し、これらのサブ分類器を分類器として統合する手法

また、ニューラルネットワークの誤差関数に対してコスト考慮型学習を導入した研究として、Kukar らの研究 [Kukar98] や S.H.Khan らの研究 [Khan18] があります。Kukar らの研究では、誤差関数にコストを取り込むことで性能が向上することを示しており、S.H.Khan らの研究では、不均衡データに対してデータの統計量を用いて算出したクラス依存のコストと、ニューラルネットワークのパラメータを用いて最適化するコスト考慮型学習を導入することで、性能が向上することを示しています。この他にもさまざまな直接法による手法が提案されていますので、興味がある方は

調べてみるとよいでしょう。

▌3.15.2　コスト考慮型メタ学習法

閾値を用いたアプローチ

コスト考慮型メタ学習法（**Cost-sensitive Meta-learning Method**）には、閾値を用いたアプローチがあります。このアプローチでは、分類器が確率を推定できる場合に、以下を閾値として用いてPositiveとNegativeを分類します。

$$p^* = \frac{c_{10} - c_{00}}{c_{10} - c_{00} + c_{01} - c_{11}}$$

閾値を用いたアプローチをいくつか紹介します。まず、Elkanらが提案した評価用のデータの全体の予測結果を用いずに、コスト行列の各セルの値から最適な閾値を算出する方法［Elkan01］を紹介します。

あるデータ x が与えられたときに、閾値をどうやって設定すればよいかを考えてみましょう。閾値自体は、目的であるコストの最小化が実現できるように設定すればよいと考えることができます。つまり、モデルがPositiveと分類したときのコストよりも、Negativeと分類したときのコストの方が安くなるならNegativeクラスと予測し、逆であればPositiveと予測するように閾値を設定すれば、うまくコストが最小化できると仮定します。データ x が与えられたときに、Positiveと分類したときのコストとNegativeと分類したときのコストを計算してみましょう。ここで、議論を単純化するために、モデルの出力は確率値で出力できることを仮定します。そのとき、Positiveと分類したときのコストは、真のクラスがNegativeであったケースと真のクラスがPositiveであったケースの両方のコストを足し合わせることで求められます。具体的には以下の式で求められます。

$$P(j = 0|x)c_{10} + P(j = 1|x)c_{11}$$

Negativeと分類したときのコストも同様に以下で求められます。

$$P(j = 0|x)c_{00} + P(j = 1|x)c_{01}$$

ここで、$j = 0$ は真のクラスがNegativeであることを示し、$j = 1$ は真のクラスがPositiveであることを示しています。また、$P(j = 0|x)$ はデータ x が格納されたときに $j = 0$ である確率、$P(j = 1|x)$ はデータ x が格納されたときに $j = 1$ である確率を表しています。

前述のPositiveとNegativeの式は以下の式で表現できます。

$$L(x, i) = \sum_j P(j|x)C(i, j)$$

ここで、$L(x, i)$ はデータ x が与えられた場合にクラスが i と予測するときのコストを表しています。このとき、モデルがPositiveと予測する際の条件はNegativeと分類したときのコストよりPositiveと分類したときのコストの方が小さいときであるため、以下の式で表現できます。

$$P(j = 0|x)c_{10} + P(j = 1|x)c_{11} \leq P(j = 0|x)c_{00} + P(j = 1|x)c_{01} \qquad (1)$$

ここで、$p = P(j = 1|x)$ とおくと、$P(j = 0|x) = (1 - p)$ であることから、(1) に代入すると以下のようになります。

$$(1 - p)c_{10} + pc_{11} \leq (1 - p)c_{00} + pc_{01}$$

次に最適な閾値を p^* とおき、最適な閾値はNegativeと分類したときのコストとPositiveと分類したときのコストが一致する境界線に設定したいので、以下の方程式が成り立ちます。

$$(1 - p^*)c_{10} + p^*c_{11} = (1 - p^*)c_{00} + p^*c_{01}$$

この方程式を p^* について解けば最適な閾値を算出でき、これを解くと以下のようになります。

$$p^* = \frac{c_{10} - c_{00}}{c_{10} - c_{00} + c_{01} - c_{11}}$$

ここで、$p^* \leq p$ を満たすときにPositiveクラス、満たさない場合は

Negativeクラスと分類することで誤分類コストの期待値を最小化することができます。

　他にも、MetaCostという手法[Domingos99]も提案されています。MetaCostは、まず学習用データを使ってモデルを学習します。この学習の際にバギング[*3]を用いることで、頑健なモデルを作成しています。

　次に、以下の数式を用いて期待コストを計算し、期待コストの低い方を x のクラスであると予測します。

$$L(x, i) = \sum_j P(j|x)C(i, j)$$

　先ほど予測されたクラスを使って、新たに学習データの正解クラスを付け直します。正解クラスを付け直した学習用データを使ってモデルを学習することで、コストを考慮したMetaCostの分類モデルを作成します。

サンプリングを用いたアプローチ

　サンプリングは学習データのクラスの分布を変更したり、誤分類コストにしたがって重み付けしたりするアプローチを指します。ここではサンプリングを用いた **Weighting** という提案手法[Ting98]について紹介します。

　Weightingは誤分類コストに応じて各サンプルに正規化された重みを割り当てることによって、コストを考慮した決定木の分類モデルを作成するアプローチです。

　このクラス j の重みの算出方法は、以下のように行われます。

$$w(j) = C(j)\frac{N}{\sum_i C(i)N_i}$$

　ここで、N は合計サンプル数、j はそのデータの真のクラスを表しており、N_i はクラス i のサンプル数です。$C(j)$ は以下により計算できます。

$$C(j) = \sum_i^I cost(i, j)$$

[*3]　多数のそれぞれ独立した弱学習器を作って、多数決をとったものを出力とする手法です。

　ここで、Iは分類タスクにおけるクラスの集合を表し、二値分類なら0と1の集合です。また、$cost(i, j)$はクラスjに属するデータをクラスiに属すると誤判定するコストを表しています。

　このとき、

$$\sum_j w(j)N_j = N$$

$C(j) \geq 1$の場合、$w(j)$は$C(j) = 1$のときに最小値を持ちます。

$$0 < \frac{N}{\sum_i C(i)N_i} \leq 1$$

$C(j) = max_i C(i)$のとき、$w(j)$は最大値となります。

$$w(j) = \frac{C(j)\sum_i N_i}{\sum_i C(i)N_i} \geq 1$$

　このように誤分類コストの高いクラスには、比例的に高い重みを割り当てられます。また、標準的な決定木のノードtに入ったサンプルがクラスjである確率は以下のように表せます。

$$p(j|t) = \frac{N_j(t)}{\sum_i N_i(t)}$$

　これと同様に、前述の重みを導入したときの決定木のノードtに入ったサンプルがクラスjである確率は以下のように表せます。

$$p_w(j|t) = \frac{W_j(t)}{\sum_i W_i(t)} = \frac{w(j)N_j(t)}{\sum_i w(i)N_i(t)}$$

　決定木の学習アルゴリズムであるC4.5は、エントロピー計算に直接サンプルの重み$W_j(t)$を取り込むことができるので、直接C4.5に組み込むことで重みやコストの高い誤りの数を最小化しようとする分類器を作成することが可能になります。

3.16　まとめ

　本章では、まず二値分類とは何か、二値分類の評価指標の紹介、二値分類の評価指標の選び方について解説しました。それぞれ簡単におさらいします。二値分類については、以下のような流れで分類を行うタスクと紹介しました。

1. 機械学習モデルを学習する
2. 機械学習モデルを使って予測する
3. 予測した値の閾値を超えるようであればPositive、超えなかった場合はNegativeと分類する

　この二値分類の評価指標をうまく選ぶには、それぞれの評価指標とそれらの特徴について理解する必要があります。二値分類のタスクで一般的に利用される評価指標について表3.6にまとめました。

▼ 表3.6／本章で紹介した評価指標の概要

評価指標の名前	主な利用シーン	概要
正解率（Accuracy）	Positive、Negativeのクラスが同じくらい重要であり、正解データのクラスに偏りがないデータで直感的な評価を行いたい	すべてのデータにおけるモデルによる予測が正しい数の割合を求める評価指標
マシューズ相関係数（MCC）	不均衡データを評価するときにPositiveとNegativeの両方のクラスの予測を評価したい	予測結果と真のクラスの相関係数
適合率（Precision）	不均衡データでの評価で、本当はNegativeなのにPositiveであると間違った予測をしないようにしたい	モデルがPositiveと予測したもののうち、実際にPositiveだったものの割合を求める評価指標
再現率（Recall）	モデルがPositiveをとりこぼさないようにしたい	正解がPositiveだったもののうち、モデルがPositiveと予測した割合
F1-score	PositiveのとりこぼしとPositiveと予測したときの精度をバランスよく減らしたい	再現率と適合率の調和平均をとった評価指標

（表 3.6 の続き）

評価指標の名前	主な利用シーン	概要
G-Mean	不均衡データを評価するときに Positive と Negative の両方のクラスの予測を評価したい	True Positive Rate と True Negative Rate の両方のバランスをとるために幾何平均をとった指標
ROC-AUC	予測のランク付けに関心があり、Positive クラスと Negative クラスをバランスよく評価したい	モデルの予測値を Positive だと判定するための閾値を 0 から 1 の間で動かしたときの結果を x 軸が False Positive Rate、y 軸が True Positive Rate としてグラフにした曲線の下の面積を求めた評価指標
PR-AUC	Positive クラスを重視して評価したい	PR 曲線とは、モデルの予測値を Positive だと判定するための閾値を 0 から 1 の間で動かしたときに、再現率、適合率がどのように変化するかをプロットした曲線の下の面積を求めた評価指標
pAUC (partial AUC)	本当は Negative なのに Positive であると間違った予測をしないようにしたい	ROC 曲線で False Positive Rate (FPR) が低い範囲に絞って、AUC を算出した評価指標

　次に、実際のプロジェクトにおいて、評価指標の長所・短所を検討して、ビジネスに合わせて選択できるように、具体例を用いて解説しました。今回の例ではビジネス要件が整理されていましたが、実際のビジネスの現場では、ビジネスサイドの担当者に聞いただけでビジネス要件が完全にわかるものでもないので注意が必要です。例えば、ビジネスサイドの担当者と話してビジネス要件について言質をとり、それ以降コミュニケーションをとらずに進めるようでは、お互いに不幸なビジネス結果になる可能性があります。自分がそのドメインについて担当者レベルで理解していなければ、ビジネスサイドの担当者と密にコミュニケーションをとっていく必要があります。その過程で、お互いの認識の食い違いが明らかになったり、ビジネス要件がより整理されたりするため、評価指標をその都度変更する場合もあるでしょう。評価指標はあくまでビジネス要件を実現するための指標ですので、評価指標の選定においては、あくまでビジネス要件を念頭に決めることが重要です。KPI が存在していて、コスト行列をうまく設計できるようなタスクの場合は、評価指標を使うよりもビジネスインパクトの期待値を計算した方が KPI に沿った評価ができることも紹介し

ました。ただし、ビジネスインパクトの期待値を計算する際にコスト行列の設計に失敗してしまうと、見当違いのモデルを作成することになりかねないため注意してください。

　本章の最後に、コスト考慮型学習というコストに応じた重み付けをすることで、期待コストを用いてKPIと連動した数値をもとに意思決定を行なう方法について紹介しました。次章では、二値分類を2つ以上のラベルに拡張した多クラス分類と呼ばれるタスクの評価指標について解説していきます。

▌参考文献

[amazon16] "Amazon MachineLearningによる顧客離れの予測" https://aws.amazon.com/jp/blogs/machine-learning/predicting-customer-churn-with-amazon-machine-learning/

[Brownlee21] "Tour of Evaluation Metrics for Imbalanced Classification" https://machinelearningmastery.com/tour-of-evaluation-metrics-for-imbalanced-classification/

[Domingos99] Pedro Domingos, "MetaCost: a general method for making classifiers cost-sensitive" KDD, pages 155-164, 1999.

[Elkan01] Charles Elkan "The Foundations of Cost-Sensitive Learning", ICAIL, pages 4-10, 2001.

[Fawcett06] Tom Fawcett "An introduction to ROC analysis" Pattern Recognition Letters, pages 861-874, 2006.

[Jack20] "ROC曲線を直感的に理解する" https://zenn.dev/jackthekaggler/articles/64b4e32cce7d34022ae3

[Khan18] Salman H. Khan, Munawar Hayat, Mohammed Bennamoun, et al. "Cost-Sensitive Learning of Deep Feature Representations From Imbalanced Data" IEEE, pages 3573-3587, 2018.

[Kukar98] Mat jaz Kukar, Kononenko Igor "Cost-sensitive learning with neural networks" ECAI, pages 446-449, 1998.

[Ling10]Charles Ling, Victor Sheng "Cost-Sensitive Learning and the Class Imbalance Problem" Encyclopedia of Machine Learning, 2010.

[MÖBIUS20] "HR Analytics: Employee Promotion Data" https://www.kaggle.com/arashnic/hr-ana

[Provost14] Foster Provost, Tom Fawcett（著）, 竹田正和（監訳）, 古畠 敦, 瀬戸山雅人, 大木嘉人, 藤野賢祐, 宗定洋平, 西谷雅史, 砂子一徳, 市川正和, 佐藤正士（訳）"戦略的データサイエンス入門" オライリー・ジャパン, 2014.

[RATHI20] "Banking Dataset - Marketing Targets" https://www.kaggle.com/

datasets/prakharrathi25/banking-dataset-marketing-targets

[Ting98] Kai Ming Ting "Inducing cost-sensitive trees via instance weighting" Principles of Data Mining and Knowledge Discovery, pages 139-147, 1998.

[Turney00] Peter Turney, "Types of Cost in Inductive Concept Learning" ICML, pages 15-21, 2000.

[Zhang13] Yong Zhang, Dapeng Wang "A Cost-Sensitive Ensemble Method for Class-Imbalanced Datasets", Abstract and Applied Analysis, pages 1-6, 2013.

[van Someren97] Maarten van Someren, Cristina Torres, Floor Verdenius, "A systematic description of greedy optimisation algorithms for cost sensitive generalisation" IDA, 1997.

[Verdenius91] Floor Verdenius, "A method for inductive cost optimization" Machine Learning - Ewsl-91, pages 179-191, 1991.

$4_{章}$

多クラス分類の評価指標

4.1 多クラス分類とは

　前章で紹介した二値分類は、ある問いに対して2つのクラスに分類するタスクを指します。本章で紹介する多クラス分類は、3つ以上のクラスのうちどれか1つに分類するタスクです。例えば、体長と体重をもとに、ネズミ・ネコ・ゾウのいずれかに分類する問題は多クラス分類に該当します（図4.1）。

■ **図4.1**／多クラス分類の例: ネズミ・ネコ・ゾウの分類

　多クラス分類には以下のような応用例があります。

- はがきに書かれた郵便番号の数字を判別する
- 複数あるバナー広告の中から、ユーザのWebページの閲覧履歴をもとに、クリックしそうなものを選択する
- ニュース記事の内容から、カテゴリを付与する
- 監視カメラに映る画像データから、来店者の年代などの属性を分類する

　多クラス分類における評価は、二値分類で用いた評価指標をもとにクラ

スごとの評価値を平均することが多いです。本章は、3章で紹介した評価指標を用いて解説しているため、先に3章を読んでから読み進めることをおすすめします。また、2章と同様にビジネスインパクトの期待値の計算方法についても紹介しています。

4.2 データセット

多クラス分類を説明するために、今回は以下のURLで配布されているcustomer-segmentationのデータを使います。

- Customer Segmentation https://www.kaggle.com/datasets/abisheksudarshan/customer-segmentation

このデータセットは、年齢、性別、興味、消費習慣といったデータを持ち、これらの属性を用いて、顧客を営業チームが定義した4種類のグループにグルーピングした結果を予測します。顧客属性からグループを予測するモデルを作成することで、人手によるグルーピングの作業を減らすことを目指します。

このデータセットの顧客属性を以下に挙げます。

- ID：顧客のユニークなID
- Gender：性別
- Ever_Married：既婚かどうか
- Age：年齢
- Graduated：既卒かどうか
- Profession：職業
- Work_Experience：業務経験が何年か
- Spending_Score：支出のスコア
- Family_Size：家族の人数

- Var_1：顧客の匿名化されたカテゴリ
- Segmentation：目的変数となる4種類のグループ（trainデータのみに付与されている）

目的変数となるグループ（Segmentation）については、以下のような分布をとります。

- A：1,972レコード
- B：1,858レコード
- C：1,970レコード
- D：2,268レコード

このデータセットを利用して、多クラス分類の評価指標を説明していきます。以降では、以下のようなディレクトリ構成を想定して進めます。

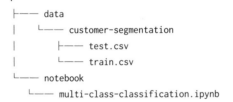

```
.
├── data
│   └── customer-segmentation
│       ├── test.csv
│       └── train.csv
└── notebook
    └── multi-class-classification.ipynb
```

dataディレクトリの下の階層に、customer-segmentationディレクトリを作成します。上記のKaggleのページからダウンロードしたデータを解凍し（2章、3章と同様の手順です）、train.csvとtest.csvをdata/customer-segmentationの下の階層に配置し、notebookディレクトリの下の階層にmulti-class-classification.ipynbを作成すれば準備完了です。

4.3 混同行列

　二値分類と同様に、多クラス分類も**混同行列 (Confusion Matrix)** を作成できます。二値分類の混同行列は、正解と予測それぞれのPositiveとNegativeの出現数をカウントする2×2の行列でした。多クラス分類は、正解のクラス数×予測のクラス数の行列で表現します。

　customer-segmentation データに多クラス分類を適用し、以下のコードで混同行列を描画します（図4.2）。

```python
import matplotlib.pyplot as plt
from sklearn.metrics import confusion_matrix
from sklearn.model_selection import train_test_split

from sklearn.preprocessing import LabelEncoder
import seaborn as sns
import pandas
from sklearn.tree import DecisionTreeClassifier
from sklearn.metrics import confusion_matrix

from sklearn.model_selection import train_test_split

# 文字列や数値で表されたラベルを0~(ラベル種類数-1)に変換する関数
def label_encoding(df):
    object_type_column_list = [c for c in df.columns if df[c].
dtypes=='object']
    for object_type_column in object_type_column_list:
        label_encoder = LabelEncoder()
        df[object_type_column] = label_encoder.fit_transform(df[object_type_
column])
    return df

# 学習用データの読み込み
train_df = pandas.read_csv("../data/customer-segmentation/train.csv")

# 目的変数を抽出
```

```python
y = train_df.pop('Segmentation').values
# 本来は良くないがNanをすべて-1で埋める
train_df = label_encoding(train_df).fillna(-1)
# 顧客のユニークなIDを含むとノイズになるのでカラムを削除する
train_df = train_df.drop("ID", axis=1)

# 学習データと検証用データに分ける
X_train, X_val, y_train, y_val = train_test_split(train_df, y, test_
size=0.1, random_state=42)

# モデルは決定木を利用する
clf = DecisionTreeClassifier(random_state=0)
clf.fit(X_train, y_train)

# 検証用データで予測
y_val_hat = clf.predict(X_val)

# 混同行列を作成
conf_matrix = confusion_matrix(y_val, y_val_hat)

# 分類に用いられるクラス名を定義する
labels = ["A", "B", "C", "D"]
df_cm = pandas.DataFrame(conf_matrix, index=labels, columns=labels)
# 混同行列をヒートマップで描画する
sns.heatmap(df_cm,  fmt="d", annot=True, cmap="Blues", annot_
kws={"fontsize": 20})
# グラフにタイトルをつける
plt.title('Confusion Matrix')
# x軸、y軸の名前をグラフに記載する
plt.xlabel("Predicted class")
plt.ylabel("True class")
# グラフを表示する
plt.show()
```

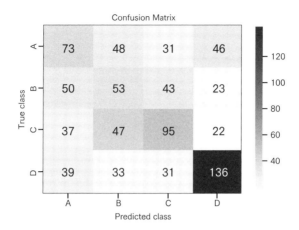

■ **図4.2**／customer-segmentationデータの混同行列

多クラス分類の混同行列は、モデルが予測したクラスと正解ラベルに一致する数が多いと、行列の対角成分（左上から右下）の値が大きくなります。また、多クラス分類も二値分類と同様に、混同行列上の各値をTrue Positive（TP）、True Negative（TN）、False Positive（FP）、False Negative（FN）と割り当てることができます。しかし、多クラス分類では注目するクラスによって混同行列上のTP、TN、FP、FNが変わります。例えばクラスAに注目すると、クラスAをPositive、クラスB、クラスC、クラスDをNegativeとして混同行列を見て、TP、TN FP、FNは図4.3のようになります。

		モデルが分類したクラス			
		A	B	C	D
正解クラス	A	TP	FN		
	B	FP	TN		
	C				
	D				

■ **図4.3**／多クラス分類におけるTP、TN、FP、FN

　図4.3における各値への割り振りは、後述のMacro平均と呼ばれるクラスごとの評価指標の平均をとる際に用います。

4.4　正解率

　多クラス分類の**正解率 (Multi Class Accuracy)** は、二値分類の考え方と同じです。"モデルが予測したクラスと真のクラスと一致した数"を全体のデータ数で割って算出します。よりイメージしやすい説明を試みると、図4.2の混同行列のうち、対角成分の合計を全体のデータ数で割れば算出できます。しかし、データ数が多いクラスにおける正解の状況が正解率に強く影響してしまうため、不均衡データを扱う際は二値分類と同様に注意が必要です。例えば、画像から小学生、中学生、高校生を分類するモデルを作って正解率で評価することを考えます。6学年ぶんある小学生のデータがたくさん取得できるので、「小学生ばかり分類するモデルができてしまった！」ということになりかねません。

　不均衡データ（ダミーデータです）による正解率の挙動を確認してみましょう。

```
from sklearn.datasets import make_classification

# ダミーデータを作る
X, y = make_classification(n_samples = 10000, random_state=42, n_classes=3,
n_clusters_per_class=1, weights = [0.899, 0.1, 0.001])
X_train, X_test, y_train, y_val_dummy = train_test_split(
        X, y, random_state=42)

# モデルは決定木を利用する
clf = DecisionTreeClassifier(random_state=0)
clf.fit(X_train, y_train)

# 分類に用いられるクラス名を定義する
```

```
labels = [0, 1, 2]
# 検証用データで予測
y_val_dummy_hat = clf.predict(X_test)
# 混同行列を作成
conf_matrix = confusion_matrix(y_val_dummy, y_val_dummy_hat, labels)
# 混同行列をヒートマップで描画する
sns.heatmap(conf_matrix, fmt="d", annot=True, cmap="Blues", annot_
kws={"fontsize": 20})
# グラフにタイトルをつける
plt.title('Confusion Matrix')
# x軸、y軸の名前をグラフに記載する
plt.xlabel("Predicted class")
plt.ylabel("True class")
# グラフを表示する
plt.show()
```

このときの混同行列が図4.4となり、全体的に正解している件数は多く
見えます。

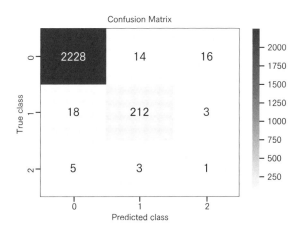

■ **図4.4**／不均衡データ（ダミーデータ）の混同行列

以下のコードによって正解率を確認してみると、0.976と高い値をとる
ことがわかります。

```
from sklearn.metrics import accuracy_score

# 正解率による評価
print("不均衡データでの正解率:", round(accuracy_score(y_val_dummy, y_val_
dummy_hat), 3))
```

不均衡データでの正解率: 0.976

　しかし図4.4を見ると、クラス2に関しては20件中1件しか正解していません。このように、少数派のクラスラベルであるクラス2の分類性能が良くないモデルであっても、正解率だけで良いモデルであると判断してしまうため、不均衡データを扱う際は注意が必要です。
　次に、不均衡データではなく、均衡データにおける具体例としてcustomer-segmentationデータセットの正解率の値を見てみましょう。

```
from sklearn.metrics import accuracy_score

# 正解率による評価
print("customer-segmentationデータセットでの正解率:", round(accuracy_
score(y_val, y_val_hat), 3))
```

customer-segmentationデータセットでの正解率: 0.442

　正解率という尺度で見ると、やや低めの数値であることがわかります。しかし、4クラスの分類ではデタラメに予測しても正解率はおよそ0.25になるため、デタラメに予測したときよりは明らかに高い正解率であることがわかります。

4.5　適合率

　多クラス分類の適合率（**Multi Class Precision**）について考えてみます。

二値分類での適合率は、以下のように算出していました。

$$適合率 \, (\text{Precision}) = \frac{\text{TP}}{\text{TP} + \text{FP}}$$

多クラス分類における TP と FP がわかれば、適合率が算出できそうです。True Positive とはモデルが Positive（正例）と判定して正解した数、False Positive はモデルが Positive だと判定したが間違えた数でした。多クラス分類は3つ以上のクラスを持ち、かつ Positive か Negative なのかがわかっているわけではありません。例えば、"ネコ"か"ネコでないか"のクラスであれば、"ネコである"が Positive ですが、ネズミ・ネコ・ゾウの3つのクラスの場合はどうでしょうか。多クラス分類は"ネコ"か"ネコでないか"の Yes/No の二値で解答できる問題ではなく、ネズミ・ネコ・ゾウの3つから1つを選ぶ問題です。そのため、二値分類のように Positive か Negative かで分けることができません。そこで、以下のようにクラス個数分の Positive と Negative のパターンを作ります。

- ネズミを Positive として、それ以外を Negative とする
- ネコを Positive として、それ以外を Negative とする
- ゾウを Positive として、それ以外を Negative とする

この後、評価指標をそれぞれのパターンごとに算出し、その平均をとって評価します。このときの平均のとり方は、後述する Micro と Macro の2つの方法を使うことが一般的です。それぞれに基づいた指標を Micro Precision、Macro Precision と呼びます。

▌ 4.5.1 Micro Precision

3章で紹介した適合率と同様に、多クラス分類における適合率も Positive と予測したラベルのうち、どれくらいが正解かを測る指標です。**Micro Precision** はクラスごとに TP、FP を区別するのではなく、全体の混同行列で見たときの TP、FP を使って適合率を算出します。K 個のクラスがあり、クラス K の TP、FP をそれぞれ TP_k、FP_k と書くとすると、

以下の式で表せます。

$$\text{Micro Precision} = \frac{\sum_{k=1}^{K} \text{TP}_k}{\sum_{k=1}^{K} (\text{TP}_k + \text{FP}_k)}$$

　分子が"対角成分の和"、分母が"対角成分の和とそれ以外の和の和"になるので、分母は混同行列の全データ数です。これは予測全体に対する正解の割合、つまり正解率（Accuracy）と等価です。

　図4.5の混同行列で説明すると、図4.5左ではクラスごとにTP、FPを算出するイメージです。一方、Micro Precisionを表す図4.5右ではクラスごとに算出するわけではなく全体の混同行列で算出しています。分子は枠線で囲まれた部分、分母は混同行列全体です。

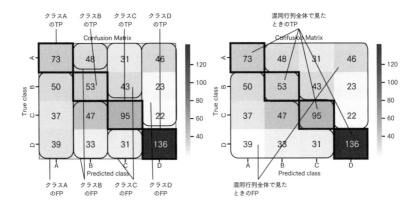

■ **図4.5**／TP、FPをクラスごとに算出（左）、混同行列全体で算出（右）

　具体例として、scikit-learnを用いて不均衡データの場合に正解率と同様の結果になるかを確認してみます。

```
# averageという引数に'micro'という文字列を渡すと
# Micro Precisionを算出する
print("不均衡データでのMicro Precision:", round(precision_score(y_val_dummy,
y_val_dummy_hat, average='micro'), 3))
```

不均衡データでのMicro Precision: 0.976

次にcustomer-segmentationデータセットのMicro Precisionの値を見て
みましょう。

```
from sklearn.metrics import precision_score

# Micro precisionによる評価(正解率と同じ値になる)
print("customer-segmentationデータセットでのMicro Precision:",
round(precision_score(y_val, y_val_hat, average="micro"), 3))
```

customer-segmentationデータセットでのMicro Precision: 0.442

customer-segmentationデータセットでのMicro Precisionによる評価結
果も正解率とまったく同じ値になることが確認できました。これでMicro
Precisionと正解率が同じ値であることを実験的に確かめられました。

4.5.2 Macro Precision

Macro Precisionは各クラスごとの適合率の加算平均です。クラスkの
適合率を

$$\text{Precision}_k = \frac{\text{TP}_k}{\text{TP}_k + \text{FP}_k}$$

とすると、以下の式で表せます。

$$\text{Macro Precision} = \frac{\sum_{k=1}^{K} \text{Precision}_k}{K}$$

つまり、クラスごとにPrecisionを算出し、最後に加算平均をとること
でクラスごとの適合率を等しく重み付けしています。

前述したように、不均衡データを扱った場合のMicro Precisionを用い
た適合率は、正解率と等価となるため、評価結果は大きい値をとりまし
た。一方、Macro Precisionはクラスの偏りを考慮して評価できます。

199

　不均衡データでMicro PrecisionとMacro Precisionがどのような値にな
るか試してみましょう。

```
from sklearn.datasets import make_classification
from sklearn.metrics import precision_score

# ダミーデータを作る
X, y = make_classification(n_samples = 10000, random_state=42, n_classes=3,
n_clusters_per_class=1, weights = [0.899, 0.1, 0.001])
# 学習データと検証用データに分ける
X_train, X_test, y_train, y_val_dummy = train_test_split(
        X, y, random_state=42)

# モデルは決定木を利用する
clf = DecisionTreeClassifier(random_state=0)
clf.fit(X_train, y_train)

# 分類に用いられるクラス名を定義する
labels = [0, 1, 2]
# 検証用データで予測
y_val_dummy_hat = clf.predict(X_test)

# averageという引数に'macro'という文字列を渡すと
# Macro Precisionを算出する
print("不均衡データでのMacro Precision:", round(precision_score(y_val_dummy,
y_val_dummy_hat, average='macro'), 2))

# averageという引数に'micro'という文字列を渡すと
# Micro Precisionを算出する
print("不均衡データでのMicro Precision:", round(precision_score(y_val_dummy,
y_val_dummy_hat, average='micro'), 2))
```

```
不均衡データでのMacro Precision: 0.655
不均衡データでのMicro Precision: 0.976
```

　Micro Precisionは、クラス0に影響を受けて0.9764という高めの評価値
になります。一方で、Macro Precisionは0.65をとり、うまく分類されて

いない少数派クラスのPrecisionを反映していることがわかります。ただ
し、Macro Precisionでは、例えばクラス2が1件中1件正解のときに、ク
ラス2の評価値は1.0をとり、少数派クラスを高く評価します。このこと
から、Macro PrecisionはMicro Precisionと比較すると、各クラスのサン
プル個数によらずクラスごとの評価を加味したいケースで適しています。
一方で、Micro Precisionは、正解のクラスの個数に偏りがあり、サンプ
ル個数が少ないクラスの重要度が低い場合に適しています。

　具体例として、scikit-learnを用いてcustomer-segmentationデータセッ
トのMacro Precisionの値を見てみましょう。

```
# 学習用データの読み込み
train_df = pandas.read_csv("../data/customer-segmentation/train.csv")

# 目的変数を抽出
y = train_df.pop('Segmentation').values
# 本来は良くないがNanをすべて-1で埋める
train_df = label_encoding(train_df).fillna(-1)
# 顧客のユニークなIDを含むとノイズになるのでカラムを削除する
train_df = train_df.drop("ID", axis=1)

# 学習データと検証用データに分ける
X_train, X_val, y_train, y_val = train_test_split(train_df, y, test_
size=0.1, random_state=42)

# モデルは決定木を利用する
clf = DecisionTreeClassifier(random_state=0)
clf.fit(X_train, y_train)

# 検証用データで予測
y_val_hat = clf.predict(X_val)

# averageという引数に'macro'という文字列を渡すと
# Macro precisionを算出する
print("customer-segmentationデータセットでのMacro Precision",
round(precision_score(y_val, y_val_hat, average="macro"), 3))
```

customer-segmentationデータセットでのMacro Precision 0.433

　customer-segmentationデータセットは不均衡なデータではないため、Micro Precisionの結果と比べても値に大きな違いはありません。

▌ 4.5.3　Weighted Precision

　Weighted Precisionは適合率に加重平均をとり算出します。加重平均の重みには各クラスのサンプル数を利用します。評価対象となるデータのサンプル数をN、クラスkのサンプル数をN_kとし、クラスkの適合率を

$$\text{Precision}_k = \frac{\text{TP}_k}{\text{TP}_k + \text{FP}_k}$$

とすると、以下の式で表せます。

$$\text{Weighted Precision} = \frac{\sum_{k=1}^{K} \text{Precision}_k \cdot N_k}{N}$$

　この式から読み取れる通り、不均衡データのうちデータ数（N_k）が多い多数派のクラスを高く評価する評価指標です。これを確かめるために、前節でも扱った不均衡データ（ダミーデータ）を使って実験してみましょう。なお、これ以降、すべてのコードを記載しませんので、適宜サポートページを参照しながら読み進めてください。

```
# averageという引数に'weighted'という文字列を渡すと
# Weighted Precisionを算出する
print("不均衡データでのWeighted Precision:", round(precision_score(y_val_
dummy, y_val_dummy_hat, average='weighted'), 3))
```

不均衡データでのWeighted Precision: 0.98

　これまでと同様に、scikit-learnを用いて不均衡データではないcustomer-segmentationデータセットのWeighted Precisionの値を見てみましょう。

```
# averageという引数に'weighted'という文字列を渡すと
# Weighted precisionを算出する
print("customer-segmentationデータセットでのWeighted Precision:",
round(precision_score(y_val, y_val_hat, average='weighted'), 3))
```

customer-segmentationデータセットでのWeighted Precision: 0.447

　Weighted Precisionはサンプル数が多いクラスのPrecisionほど重視する評価指標なので、均衡データの場合は比較的Macro Precisionと近い数値をとりやすい性質があります。そのため、不均衡データでのWeighted PrecisionとMacro Precisionの差のように大きく違う結果にはなりません。

4.6 再現率

　適合率と同様に、多クラス分類の**再現率 (Multi Class Recall)** にも、Micro RecallとMacro Recallの2つの指標があります。

4.6.1　Micro Recall

　前章で紹介した二値分類の再現率と同様に、多クラス分類での再現率も真のPositiveのうち正しく予測できた割合を測る指標です。**Micro Recall** は以下の式で表します。

$$\text{Micro Recall} = \frac{\sum_{k=1}^{K} \text{TP}_k}{\sum_{k=1}^{K} (\text{FN}_k + \text{TP}_k)}$$

　この数式の分子は正しくPositiveであると予測できたサンプル数 (TP) を表していて、分母は検証用データにおけるすべての真のPositiveのサンプル数を表しています。FNはモデルがNegativeであると予測したが真のクラスはPositiveだった数なので、この場合の真のクラスはPositiveです。ですので、TPとFNを足すことですべての真のPositiveのサンプル数

を知ることができます。分子が"対角成分の和"、分母が"対角成分の和と
それ以外の和の和"になるので、分母は混同行列の全データ数です。その
ため、これもMicro Precisionと同様に正解率（Accuracy）と等価になりま
す。

　不均衡なデータ（ダミーデータ）を使って正解率（Accuracy）と等価にな
るか確かめてみましょう。ここで、Micro Recallの算出にはscikit-learnの
recall_score関数を用います。

```python
from sklearn.datasets import make_classification
from sklearn.metrics import recall_score

# ダミーデータを作る
X, y = make_classification(n_samples = 10000, random_state=42, n_classes=3,
n_clusters_per_class=1, weights = [0.899, 0.1, 0.001])
# 学習データと検証用データに分ける
X_train, X_test, y_train, y_val_dummy = train_test_split(
        X, y, random_state=42)

# モデルは決定木を利用する
clf = DecisionTreeClassifier(random_state=0)
clf.fit(X_train, y_train)

# 分類に用いられるクラス名を定義する
labels = [0, 1, 2]
# 検証用データで予測
y_val_dummy_hat = clf.predict(X_test)

# averageという引数に'micro'という文字列を渡すと
# Micro Recallを算出する
print("不均衡データセットでのMicro Recall:", round(recall_score(y_val_dummy,
y_val_dummy_hat, average='micro'), 3))
```

不均衡データセットでのMicro Recall: 0.976

　不均衡データのMicro Recallは、正解率と等価になることが確認できま
した。不均衡データではないcustomer-segmentationデータセットでも確

認してみましょう。

```
# 学習用データの読み込み
train_df = pandas.read_csv("../data/customer-segmentation/train.csv")

# 目的変数を抽出
y = train_df.pop('Segmentation').values
# 本来は良くないがNanをすべて-1で埋める
train_df = label_encoding(train_df).fillna(-1)
# 顧客のユニークなIDを含むとノイズになるのでカラムを削除する
train_df = train_df.drop("ID", axis=1)

# 学習データと検証用データに分ける
X_train, X_val, y_train, y_val = train_test_split(train_df, y, test_
size=0.1, random_state=42)

# モデルは決定木を利用する
clf = DecisionTreeClassifier(random_state=0)
clf.fit(X_train, y_train)

# 検証用データで予測
y_val_hat = clf.predict(X_val)

# averageという引数に'micro'という文字列を渡すと
# Micro recallを算出する
recall_score(y_val, y_val_hat, average='micro')
print("customer-segmentationデータセットでのMicro Recall:", round(recall_
score(y_val, y_val_hat, average='micro'), 3))
```

customer-segmentationデータセットでのMicro Recall: 0.442

　この結果から、多クラス分類の正解率、Micro Precision、Micro Recall
はすべて等価であることが確認できました。

▌4.6.2　Macro Recall

　Macro Precisionが各クラスごとの適合率の加算平均であるのと同様に、
Macro Recallは各クラスごとの再現率の加算平均です。まず、クラス K

のRecallは以下の式で表します。

$$\mathrm{Recall_k} = \frac{\mathrm{TP}_k}{\mathrm{FN}_k + \mathrm{TP_k}}$$

すると、Macro Recallは以下の式で表せます。

$$\mathrm{Recall_{Macro}} = \frac{\sum_{k=1}^{k} \mathrm{Recall}_k}{K}$$

まずは不均衡データに対して、scikit-learnの`recall_score`関数を用いてMacro Recallを算出していきましょう。

```
# averageという引数に'macro'という文字列を渡すと
# Macro recallを算出する
print("不均衡データセットでのMacro Recall:", round(recall_score(y_val_dummy,
y_val_dummy_hat, average='macro'), 3))
```

不均衡データセットでのMacro Recall: 0.669

　不均衡データで実験した結果、低めの値が確認できます。多クラス分類のMacro Recallは、多クラス分類のMacro Precisionと同様に、すべてのクラスに同じ重みを適用して平均を算出しているため、評価値が低くなります。例えば、各クラスの再現率を算出したときに、クラス0が0.95、クラス1に関しては0.8と高い値をとったとしても、クラス2が0.05だったときについて考えてみましょう。このときのMacro Recallを算出すると、$(0.95 + 0.8 + 0.05)/3 = 0.6$ となります。1つのクラスの値が極端に低い場合は、Macro Recallの値が影響を受けて小さくなります。不均衡データを扱った二値分類でもそうでしたが、特に対策を施していなければ、大抵のモデルは少数派のクラスが分類されにくくなるため、値が低くなる傾向があります。

　これまでと同様に不均衡データではないcustomer-segmentationデータセットでも確認してみましょう。

```
# averageという引数に'macro'という文字列を渡すと
# Macro recallを算出する
```

```
print("customer-segmentationデータセットでのMacro Recall:", round(recall_
score(y_val, y_val_hat, average='macro'), 3))
```

```
customer-segmentationデータセットでのMacro Recall: 0.431
```

　モデルを改善していくにあたって、どのクラスの評価が足を引っ張って
いるのかを知りたくなることがあるかもしれません。scikit-learnにはク
ラスごとのRecallを確認できる機能があります。

```
# averageという引数にNoneを渡すとクラスごとの
# Recallを算出する
print(recall_score(y_val, y_val_hat, average=None))
```

```
[0.36868687 0.31360947 0.47263682 0.56903766]
```

　このようにクラスA〜Dの各Recallが確認できます。これを見てみると
クラスDのRecallは高いものの、他の3つのクラスは低いので、平均をと
るとやや低めの値をとります。

▌ 4.6.3　Weighted Recall

　Weighted Recallは再現率に加重平均をとり算出します。Weighted
Precisionと同様に、加重平均の重みには各クラスのサンプル数を利用し
ます。検証用データのサンプル数をN、クラスkのデータ数をN_kとし、
クラスkの再現率を

$$\text{Recall}_k = \frac{\text{TP}_k}{\text{FN}_k + \text{TP}_k}$$

とすると、以下の式で表せます。

$$\text{Weighted Recall} = \frac{\sum_{k=1}^{K} \text{Recall}_k \cdot N_k}{N}$$

Weighted Recallはscikit-learnのrecall_score関数を使い、average引

207

数にweightedを渡すことで算出できます。不均衡データ（ダミーデータ）で実験してみましょう。

```
# averageという引数に'weighted'という文字列を渡すと
# Weighted recallを算出する
print("不均衡データでのWeighted Recall:", round(recall_score(y_val_dummy,
y_val_dummy_hat, average='weighted'), 3))
```

不均衡データでのWeighted Recall: 0.98

　Micro Recallと同様の値となりました。これは偶然でしょうか。customer-segmentationデータセットでも確認してみましょう。

```
# averageという引数に'weighted'という文字列を渡すと
# Weighted recallを算出する
print("customer-segmentationデータセットでのWeighted Recall:", round(recall_
score(y_val, y_val_hat, average='weighted'), 3))
```

customer-segmentationデータセットでのWeighted Recall: 0.442

　こちらもMicro Recallと同様の値となりました。実はRecallにおいてはWeighted RecallとMicro Recallは等価になります。Weighted Recallの式を変形していけば確認できます。おさらいとなりますがWeighted Recallの式は以下でした。

$$\text{Weighted Recall} = \frac{\sum_{k=1}^{K} \text{Recall}_k \cdot N_k}{N}$$

Recallが以下であることから、

$$\text{Recall}_k = \frac{\text{TP}_k}{\text{FN}_k + \text{TP}_k}$$

Weighted Recallは以下のようにも表せます。

$$\text{Weighted Recall} = \frac{\sum_{k=1}^{K} \frac{\text{TP}_k}{\text{FN}_k + \text{TP}_k} \cdot N_k}{N}$$

N_k について考えます。N_k はクラスkに所属するサンプル数なので、クラスkに着目したときのPositiveのサンプル数として分解すると

$$N_k = \text{FN}_k + \text{TP}_k$$

となります。これを先ほどの式にあてはめると、

$$\text{Weighted Recall} = \frac{\sum_{k=1}^{K} \frac{\text{TP}_k}{\text{FN}_k + \text{TP}_k} \cdot (\text{FN}_k + \text{TP}_k)}{N}$$

となり、これを整理すると、

$$\text{Weighted Recall} = \frac{\sum_{k=1}^{K} \text{TP}_k}{N}$$

と表せます。これは全体のうちTPだったサンプルの数を指すので、Accuracyと等価です。つまり、Micro RecallはAccuracyと等価です。したがって、Weighted RecallはMicro Recallと等価ということが言えます。

4.7 F1-score

3章の二値分類で紹介したF1-scoreを多クラス分類に適用したものにMacro F1-score、Micro F1-score、Weighted F1-score、Samples F1-scoreなどがあります。二値分類のF1-scoreは適合率と再現率の調和平均をとりましたが、クラスが複数になることで、適合率と再現率の組み合わせに複数の見方が加わります。

4.7.1　Micro F1-score

Micro F1-score は Micro Recall と Micro Precision の調和平均です。以下のように表します。

$$\text{Micro F1-score} = \frac{2 \cdot \text{Recall}_{\text{Micro}} \cdot \text{Precision}_{\text{Micro}}}{\text{Recall}_{\text{Micro}} + \text{Precision}_{\text{Micro}}}$$

$\text{Recall}_{\text{Micro}}$ と $\text{Precision}_{\text{Micro}}$ は等価であるので、

$$\text{Micro F1-score} = \frac{2 \cdot Precision_{Micro}^2}{2 \cdot \text{Precision}_{\text{Micro}}} = \text{Precision}_{\text{Micro}}$$

となります。こちらも検証用データ全体における正解率（Accuracy）です。

不均衡データに対して、scikit-learn の f1_score 関数を用いて Micro F1-score を算出していきましょう。

```
from sklearn.datasets import make_classification
from sklearn.metrics import f1_score

# ダミーデータを作る
X, y = make_classification(n_samples = 10000, random_state=42, n_classes=3,
n_clusters_per_class=1, weights = [0.899, 0.1, 0.001])
X_train, X_test, y_train, y_val_dummy = train_test_split(
        X, y, random_state=42)

# モデルは決定木を利用する
clf = DecisionTreeClassifier(random_state=0)
clf.fit(X_train, y_train)

# 分類に用いられるクラス名を定義する
labels = [0, 1, 2]
# 検証用データで予測
y_val_dummy_hat = clf.predict(X_test)
```

```
# averageという引数に'micro'という文字列を渡すと
# Micro F1-scoreを算出する
print("不均衡データでのMicro F1-score:", round(f1_score(y_val_dummy, y_val_
dummy_hat, average='micro'), 3))
```

不均衡データでのMicro F1-score: 0.976

　この結果から、Accuracyや前述してきたMicroの評価指標と等価になっていることが確認できます。念のため、customer-segmentationデータセットでも等価になることを確認してみましょう。

```
# 学習用データの読み込み
train_df = pandas.read_csv("../data/customer-segmentation/train.csv")

# 目的変数を抽出
y = train_df.pop('Segmentation').values
# 本来は良くないがNanをすべて-1で埋める
train_df = label_encoding(train_df).fillna(-1)
# 顧客のユニークなIDを含むとノイズになるのでカラムを削除する
train_df = train_df.drop("ID", axis=1)

# 学習データと検証用データに分ける
X_train, X_val, y_train, y_val = train_test_split(train_df, y, test_
size=0.1, random_state=42)

# モデルは決定木を利用する
clf = DecisionTreeClassifier(random_state=0)
clf.fit(X_train, y_train)

# 検証用データで予測
y_val_hat = clf.predict(X_val)

# averageという引数に'micro'という文字列を渡すと
# Micro F1-scoreを算出する
print("customer-segmentationデータセットでのMicro F1-score:", round(f1_
score(y_val, y_val_hat, average='micro'), 3))
```

```
customer-segmentationデータセットでのMicro F1-score: 0.442
```

　この結果からも、Accuracyや前述してきた他の"Micro"の評価指標と等価になっていることが確認できました。

▌4.7.2　Macro F1-score

Macro F1-scoreは各クラスごとのF1-scoreの加算平均で算出します。以下の式で表します。

$$\text{Macro F1−score} = \frac{\sum_{k=1}^{K} \text{F1−score}_k}{K}$$

　前述してきた他の"Macro"の評価指標と同様に、各クラスに対してF1-scoreを算出して平均をとったものです。Macro F1-scoreは、クラスごとのF1-scoreを各クラスの検証用データのサンプル数にかかわらず同じ重みで平均しているため、全体で求める精度よりも各クラスのそれぞれの結果に影響します。そのため、検証用データのサンプル数が少ないクラスの値の影響を受けやすいと言えます。前章で、F1-scoreはPositiveクラスを重要視して、False NegativeとFalse Positiveを同等に評価し、True Negativeを評価しないという特徴について説明しました。多クラス分類におけるF1-scoreも同様に、この特徴がすべてのクラスに適用されるイメージです。つまり、ビジネスにおいて各クラスへの要求が以下のような場合に利用できます。

- 「モデルがクラスAだと判定したときに間違っているケース（FP）」と「モデルがクラスAでないと判定したが、実際はクラスAだったケース（FN）」はどちらも同じくらいなくしたい
- 「モデルがクラスAだと判定して、実際にクラスAでないケース（TN）」はどれだけ大量に分類されても人間が確認する必要がないので関心がない

　では不均衡データに対して、scikit-learnのf1_score関数を用いて

Macro F1-scoreを算出しましょう。

```
# averageという引数に'macro'という文字列を渡すと
# Macro F1-scoreを算出する
print("不均衡データでのMacro F1-score:", round(f1_score(y_val_dummy, y_val_
dummy_hat, average='macro'), 3))
```

不均衡データでのMacro F1-score: 0.658

PrecisionとRecallの調和平均なので、PrecisionとRecall間のスコアとなることが確認できました。次に不均衡データではないcustomer-segmentationデータセットで確認してみましょう。

```
# averageという引数に'macro'という文字列を渡すと
# Macro F1スコアを算出する
print("customer-segmentationデータセットでのMacro F1スコア:", round(f1_
score(y_val, y_val_hat, average='macro'), 3))
```

customer-segmentationデータセットでのMacro F1-score: 0.432

こちらも同様にPrecisionとRecallの調和平均の値をとることが確認できました。

4.7.3 Weighted F1-score

Weighted F1-scoreは各クラスごとのF1-scoreをサンプル数の加重平均で算出します。前述してきた他の"Weighted"の評価指標の重み付けと同様です。各クラスのF1-scoreは、クラス内の検証用データのサンプル数に応じた影響を及ぼします。検証用データのサンプル数をN、クラスkの検証用データ数をN_kとすると以下の式で算出できます。

$$\text{Weighted F1−score} = \frac{\sum_k^K \text{F1−score}_i \cdot N_k}{N}$$

この式から読み取れる通り、他の重み付けした"Weighted"の評価指標

と同様に、不均衡データのうち、データ数（N_k）の多い多数派のクラスの影響を受けやすい評価指標となっています。実際にこのことを確かめるために、不均衡なダミーデータを使って実験してみましょう。

```
# averageという引数に'weighted'という文字列を渡すと
# Weighted f1_scoreを算出する
print("不均衡データでのWeighted F1-score:", round(f1_score(y_val_dummy,
y_val_dummy_hat, average='weighted'), 3))
```

不均衡データでのWeighted F1-score: 0.978

　このように多数派のクラスがある不均衡データの場合に値が大きくなっていることがわかります。次に、不均衡データではないcustomer-segmentationデータセットでscikit-learnを用いてWeighted F1-scoreの値を見てみましょう。

```
# averageという引数に'weighted'という文字列を渡すと
# Weighted f1_scoreを算出する
print("customer-segmentationデータセットでのWeighted F1-score:", round(f1_
score(y_val, y_val_hat, average='weighted'), 3))
```

customer-segmentationデータセットでのWeighted F1-score: 0.445

　こちらは不均衡データではないので、F1-scoreの値が不均衡データのときと比べて大きくなっていません。このような性質があるため、全体に占めるサンプル数が多いクラスにおけるF1-scoreを重要視したい場合にWeighted F1-scoreを利用するとよいでしょう。

▌ 4.7.4　評価指標を求めるうえで便利な関数

　scikit-learnにはここまで紹介してきた指標をまとめて表示する関数が用意されています。本章で題材に挙げているcustomer-segmentationデータに適用すると、以下のようになります。

```
from sklearn.metrics import classification_report

# 学習用データの読み込み
train_df = pandas.read_csv("../data/customer-segmentation/train.csv")

# 目的変数を抽出
y = train_df.pop('Segmentation').values
# 本来は良くないがNanをすべて-1で埋める
train_df = label_encoding(train_df).fillna(-1)

# 学習データと検証用データに分ける
X_train, X_val, y_train, y_val = train_test_split(train_df, y, test_
size=0.1, random_state=42)

# モデルは決定木を利用する
clf = DecisionTreeClassifier(random_state=0)
clf.fit(X_train, y_train)

# 検証用データで予測
y_val_hat = clf.predict(X_val)

# 分類結果の評価レポートを表示する
print(classification_report(y_val, y_val_hat))
```

	precision	recall	f1-score	support
A	0.34	0.33	0.34	198
B	0.28	0.33	0.30	169
C	0.42	0.39	0.40	201
D	0.63	0.60	0.61	239
accuracy			0.43	807
macro avg	0.42	0.41	0.41	807
weighted avg	0.43	0.43	0.43	807

　レポートの内容を説明します。precisionの列は上からクラスA、B、C、Dのそれぞれの適合率（Precision）が記載されています。また、macro avgの行にMacro Precision、weighted avgにはWeighted Precisionが記載さ

れています。recallとf1-scoreの列も同様に記載されていて、f1-score
列のaccuracyは正解率です。右端のsupportはクラスごとに含まれている
データの個数を表しています。

4.8 ROC-AUC

前章で解説した二値分類のROC-AUCは、多クラス分類にも利用できま
す。本節では多クラス分類にROC-AUCを利用する方法を紹介します。

4.8.1 Micro ROC-AUC

Micro ROC-AUCは、前述した"Micro"の評価指標と同様に、クラスご
とのサンプル数を加味せず、各サンプルを均等に重み付けして全体として
のROC-AUCを算出します。具体的には図4.6に示すように変換して評価
を行います。

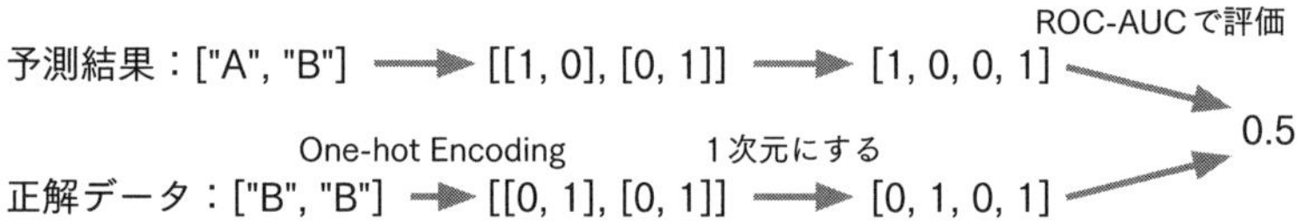

予測結果：["A", "B"] ➡ [[1, 0], [0, 1]] ➡ [1, 0, 0, 1] ROC-AUCで評価

正解データ：["B", "B"] ➡ [[0, 1], [0, 1]] ➡ [0, 1, 0, 1] 0.5

One-hot Encoding　　1次元にする

■ **図4.6**／Microの算出方法

図4.6で行っている処理について説明します。まず、モデルが予測した
クラスを1とそれ以外のクラスを0とすることで数値のベクトルの形に変
換して計算に使える形にします。この処理をOne-hot Encodingと呼びま
す。次に、One-hot Encodingした結果を2次元の行列から1次元の行列に
変換することで、Micro ROC-AUCを算出できるようにしています。

実際に不均衡データに対して、Micro ROC-AUCを算出しましょう。こ
れまで利用していた決定木モデルは、確率値の出力に不向きです。そのた
め、ここではロジスティック回帰モデルを評価します。ここで、ROC-
AUCの算出とプロットのコードは参考資料[scikit-learn07]を参照してい
ます。

```
import numpy as np
from sklearn.metrics import roc_curve, auc
from sklearn.preprocessing import label_binarize
from sklearn.linear_model import LogisticRegression
from sklearn.model_selection import train_test_split
from sklearn.datasets import make_classification

# ダミーデータを作る
X, y = make_classification(n_samples = 10000, random_state=42, n_classes=3,
n_clusters_per_class=1, weights = [0.899, 0.1, 0.001])
# 学習データと検証用データに分ける
X_train, X_test, y_train, y_val_dummy = train_test_split(
        X, y, random_state=42)

# 学習モデルには確率値を出力しやすいロジスティック回帰を用いる
clf = LogisticRegression(random_state=0)
clf.fit(X_train, y_train)

# クラスごとに0,1のバイナリにして、roc_curveを求めるために
# One-hot Encodingを事前に行う
# One-hot Encodingがやっていることは以下の通り
# 入力: [0, 1, 2] -> 出力: [[1, 0, 0], [0, 1, 0], [0, 0, 1]]
y_val_dummy_hat = clf.predict_proba(X_test)
y_val_dummy_one_hot = label_binarize(y_val_dummy, classes=clf.classes_)

# 各クラスのroc_curveを算出する
fpr = dict()
tpr = dict()
roc_auc = dict()
# クラスごとのROC曲線の横軸(FPR)と縦軸(TPR)に加え、それらを用いてAUCを算出
for i in range(len(clf.classes_)):
    # クラスごとのROC曲線の横軸(FPR)と縦軸(TPR)の算出
    fpr[i], tpr[i], _ = roc_curve(y_val_dummy_one_hot[:, i], y_val_dummy_
hat[:, i])
    # クラスごとのROC-AUCを算出
    roc_auc[i] = auc(fpr[i], tpr[i])

# ROC曲線の横軸(FPR)と縦軸(TPR)を算出(Micro)
```

```
fpr["micro"], tpr["micro"], _ = roc_curve(y_val_dummy_one_hot.ravel(),
y_val_dummy_hat.ravel())
# Micro ROC-AUCを算出
roc_auc["micro"] = auc(fpr["micro"], tpr["micro"])


plt.figure()
# 辞書のキーごとにグラフを描画
for index, class_key in enumerate(fpr):
    # キーがmicroのときはグラフの凡例にclassをつけない
    if class_key == "micro":
        label = "{} ROC curve (area = {:.2})".format(class_key, roc_
auc[class_key])
    else:
        label = "class {} ROC curve (area = {:.2})".format(clf.classes_
[class_key], roc_auc[class_key])
    # ROC曲線を描画する
    plt.plot(fpr[class_key], tpr[class_key], label=label)


# AUCが0.5のときの直線を点線で描画
plt.plot([0, 1], [0, 1], 'k--')
# x軸の描画範囲を0~1にする
plt.xlim([0.0, 1.0])
# y軸の描画範囲を0~1にする
plt.ylim([0.0, 1.0])
# x軸とy軸に名前をつける
plt.xlabel('False Positive Rate')
plt.ylabel('True Positive Rate')
# 凡例をグラフの右下部分に表示する
plt.legend(loc="lower right")
# グラフを表示する
plt.show()
```

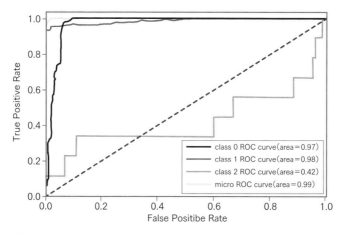

■ **図 4.7**／不均衡データにおける各クラスのROC曲線とMicro ROC曲線

　実行すると図4.7が出力されます。Micro ROC-AUCが他のどのクラス
のAUCよりも高くなっていることに違和感を感じる方もいらっしゃるか
もしれません。3章で紹介した「予測値を降順に並べ変えたとき、真のク
ラスがPositiveのデータが上に偏っている」というROC-AUCの特徴を思
い出してください。データ全体で予測値を降順に並べ変えた場合、予測値
の上位には多数派のクラス0とクラス1の両方が多くを占めるため、Micro
ROC-AUCが最も高い値になっています。ダミーデータの各クラスのサン
プル数の割合を変えつつ、いろいろ実験してみるとより理解が深まるかも
しれません。

　図4.7を見ると、クラス2が低い評価値となっているにもかかわらず、
データ数が多いクラスの結果の影響を受けて、Micro ROC AUCは高く評
価されていることがわかります。次に不均衡データではないcustomer-
segmentationデータセットを使って、Micro ROC-AUCを算出してみましょう。

```
# 学習用データの読み込み
train_df = pandas.read_csv("../data/customer-segmentation/train.csv")

# 目的変数を抽出
```

```
y = train_df.pop('Segmentation').values
# 本来は良くないがNanをすべて-1で埋める
train_df = label_encoding(train_df).fillna(-1)
# 顧客のユニークなIDを含むとノイズになるのでカラムを削除する
train_df = train_df.drop("ID", axis=1)

# 学習データと検証用データに分ける
X_train, X_val, y_train, y_val = train_test_split(train_df, y, test_
size=0.1, random_state=42)

# 学習モデルには確率値を出力しやすいロジスティック回帰を用いる
clf = LogisticRegression(random_state=0)
clf.fit(X_train, y_train)

# クラスごとに0,1のバイナリにして、roc_curveを求めるために
# One-hot Encodingを事前に行う
# One-hot Encodingがやっていることは以下の通り
# 入力: ["A", "B"] -> 出力: [[1, 0, 0, 0], [0, 1, 0, 0]]
y_val_proba_hat = clf.predict_proba(X_val)
y_val_one_hot = label_binarize(y_val, classes=clf.classes_)

# 各クラスのroc_curveを算出する
fpr = dict()
tpr = dict()
roc_auc = dict()
# クラスごとのROC曲線の横軸(FPR)と縦軸(TPR)に加え、それらを用いてAUCを算出
for i in range(len(clf.classes_)):
    # クラスごとのROC曲線の横軸(FPR)と縦軸(TPR)の算出
    fpr[i], tpr[i], _ = roc_curve(y_val_one_hot[:, i], y_val_proba_hat[:,
i])
    # クラスごとのROC-AUCを算出
    roc_auc[i] = auc(fpr[i], tpr[i])

# Micro ROC-AUCを算出する
fpr["micro"], tpr["micro"], _ = roc_curve(y_val_one_hot.ravel(), y_val_
proba_hat.ravel())
roc_auc["micro"] = auc(fpr["micro"], tpr["micro"])
```

```
plt.figure()
# 辞書のキーごとにグラフを描画
for index, class_key in enumerate(fpr):
    # キーがmicroのときはグラフの凡例にclassをつけない
    if class_key == "micro":
        label = "{} ROC curve (area = {:.2})".format(class_key, roc_
auc[class_key])
    else:
        label = "class {} ROC curve (area = {:.2})".format(clf.classes_
[class_key], roc_auc[class_key])
    # ROC曲線を描画する
    plt.plot(fpr[class_key], tpr[class_key], label=label)


# AUCが0.5のときの直線を点線で描画
plt.plot([0, 1], [0, 1], 'k--')
# x軸の描画範囲を0~1にする
plt.xlim([0.0, 1.0])
# y軸の描画範囲を0~1にする
plt.ylim([0.0, 1.0])
# x軸とy軸に名前をつける
plt.xlabel('False Positive Rate')
plt.ylabel('True Positive Rate')
# 凡例をグラフの右下部分に表示する
plt.legend(loc="lower right")
# グラフを表示する
plt.show()
```

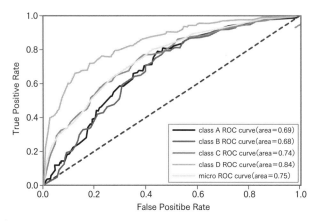

■ **図4.8**／均衡データにおける各クラスのROC曲線とMicro ROC曲線

　図4.8を見ると、不均衡データの場合とは異なり、各クラスの平均的な位置にMicro ROC曲線が位置しており、Micro AUCの値も各クラスのAUCの平均よりやや上回っています。このことから、クラスに偏りのある不均衡データでは、Micro ROC-AUCは評価値が良くなる性質を持つことが読み取れます。不均衡データで利用する際は注意が必要です。

▌ 4.8.2　Macro ROC-AUC

　Macro ROC-AUCも他の"Macro"の評価指標と基本となる考え方は同じです。クラスごとのROC-AUCを算出して、そのクラスごとのROC-AUCの平均を算出します。つまり、Macro ROC曲線を描画するには、各クラスのROC曲線の平均を算出すればよいということになります。ただ、このROC曲線の平均を求めるには工夫が必要です。各クラスのx軸となるFalse Positive Rateの値は他のクラスの値と一致せず、ROC曲線の平均を算出できないためです。図4.9の例は、Class1〜3ごとに、異なるFalse Positive Rateの値からそれぞれ2点のROCを求め、その2点を結んで描画したROC曲線です。

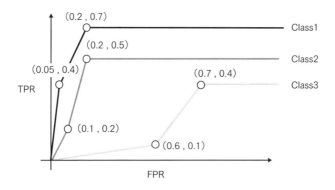

■ **図 4.9**／線形補間の例

Macro ROC曲線を描画するために、このClass1〜3の曲線の平均をとった曲線を算出することを考えます。座標 (0.2, 0.7) と座標 (0.2, 0.5) のように、x座標が同じ位置にある点同士でyの値の平均 ($\frac{0.7+0.5}{2}$) を求め、このような計算をすべての点で繰り返して平均的な曲線を算出するのが一般的な考えでしょう。しかし、Class1〜3のほとんどの点がx座標の同じ位置にないので、その計算ができません。この問題を解決するには、**線形補間**と呼ばれる座標を補間する手法を利用します。線形補間による補間の方法は、今わかっている2点の直線を引き、求めたい点がその直線上に配置されると仮定して、引いた直線の方程式にx座標を代入することでy座標を求めます。

例えば、点 $(1, 4)$ と点 $(3, 8)$ がわかっていて、xが2のときのy座標の値を線形補間する場合を考えると、以下のように求めます。

$$y = y_1 + \frac{y_2 - y_1}{x_2 - x_1}(x - x_1) = 4 + \frac{8 - 4}{3 - 1}(2 - 1) = 6$$

方程式に関する詳細な説明については省略しますが、このようにして求める補間方法を線形補間と呼びます。

ROC-AUCで線形補間を行う例を図4.10に示します。Class1のFalse Positive Rateから求めたROC（点）をもとに、ROCの点同士を結ぶ直線を

引きます。Class2とClass3を線形補間すると、通っている図4.10の黒丸の
部分がそれぞれ算出できます。

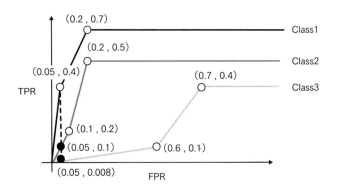

■ **図4.10**／線形補間の結果

　例えば、x座標に0.05をとるClass1の平均値は、$(0.4 + 0.1 + 0.008)/3$
$\simeq 0.1693$ のように求められます。この要領で各点のy座標の平均値を求め
て、それらの点を直線で結ぶと、Macro ROC曲線が描画できます。
numpyで線形補間の機能が用意されているので、以下のコードで説明し
ます。まずは不均衡データに対して、Macro ROC-AUCを算出していきま
しょう。

```python
import numpy as np
from sklearn.metrics import roc_curve, auc
from sklearn.preprocessing import label_binarize
from sklearn.linear_model import LogisticRegression

# ダミーデータを作る
X, y = make_classification(n_samples = 10000, random_state=42, n_classes=3,
n_clusters_per_class=1, weights = [0.899, 0.1, 0.001])
# 学習データと検証用データに分ける
X_train, X_test, y_train, y_val_dummy = train_test_split(
        X, y, random_state=42)
```

```
# 学習モデルには確率値を出力しやすいロジスティック回帰を用いる
clf = LogisticRegression(random_state=0)
clf.fit(X_train, y_train)

# クラスごとに0,1のバイナリにして、roc_curveを求めるために
# One-hot Encodingを事前に行う
# One-hot Encodingがやっていることは以下の通り
# 入力: ["A", "B"] -> 出力: [[1, 0, 0, 0], [0, 1, 0, 0]]
y_val_dummy_hat = clf.predict_proba(X_test)
y_val_dummy_one_hot = label_binarize(y_val_dummy, classes=clf.classes_)

# 各クラスのroc_curveを算出する
fpr = dict()
tpr = dict()
roc_auc = dict()
# クラスごとのROC曲線の横軸(FPR)と縦軸(TPR)に加え、それらを用いてAUCを算出
for i in range(len(clf.classes_)):
    # クラスごとのROC曲線の横軸(FPR)と縦軸(TPR)の算出
    fpr[i], tpr[i], _ = roc_curve(y_val_dummy_one_hot[:, i], y_val_dummy_
hat[:, i])
    # クラスごとのROC-AUCを算出
    roc_auc[i] = auc(fpr[i], tpr[i])

# Micro ROC-AUCを算出する
fpr["micro"], tpr["micro"], _ = roc_curve(y_val_dummy_one_hot.ravel(),
y_val_dummy_hat.ravel())
roc_auc["micro"] = auc(fpr["micro"], tpr["micro"])

n_classes = len(clf.classes_)
# 各クラスで存在する点のx座標を重複を除いて取得する
# 重複を削除している理由は、各x座標での平均値を算出する際に
# 重複しているものがあると、同じx座標で無駄に平均値を算出してしまうから
# 例えば、集まったx座標が[0.5, 0.5, 0.7]だったとき
# 0.5の平均値を2回算出してしまう
all_fpr = np.unique(np.concatenate([fpr[i] for i in range(n_classes)]))

# 平均tprを入れるarrayを定義
mean_tpr = np.zeros_like(all_fpr)
```

```
for i in range(n_classes):
    # 各クラスでall_fprに存在している線形補間して、
    # x座標と同じx座標のときのy座標をすべて足し合わせる
    mean_tpr += np.interp(all_fpr, fpr[i], tpr[i])

# クラス数で割ることでROC曲線の平均値を算出する
mean_tpr /= n_classes

# FPRにはy座標の算出に利用したx座標を入れる
fpr["macro"] = all_fpr
# TPRにROC曲線の平均値を入れる
tpr["macro"] = mean_tpr
# AUCを算出する
roc_auc["macro"] = auc(fpr["macro"], tpr["macro"])

plt.figure()
# Micro ROC曲線を描画
plt.plot(fpr["micro"], tpr["micro"],
        label='micro-average ROC curve (area = {0:0.2f})'
            ''.format(roc_auc["micro"]),
        linewidth=2)

# Macro ROC曲線を描画
plt.plot(fpr["macro"], tpr["macro"],
        label='macro-average ROC curve (area = {0:0.2f})'
            ''.format(roc_auc["macro"]),
        linewidth=2)

# 各クラスのROC曲線を描画
for i in range(n_classes):
    plt.plot(fpr[i], tpr[i], label='ROC curve of class {0} (area =
{1:0.2f})'
                            ''.format(clf.classes_[i], roc_auc[i]))

# AUCが0.5のときの直線を点線で描画
plt.plot([0, 1], [0, 1], 'k--')
# x軸の描画範囲を0~1にする
plt.xlim([0.0, 1.0])
# y軸の描画範囲を0~1にする
```

```
plt.ylim([0.0, 1.0])
# x軸とy軸に名前をつける
plt.xlabel('False Positive Rate')
plt.ylabel('True Positive Rate')
# 凡例をグラフの右下部分に表示する
plt.legend(loc="lower right")
# グラフを表示する
plt.show()
```

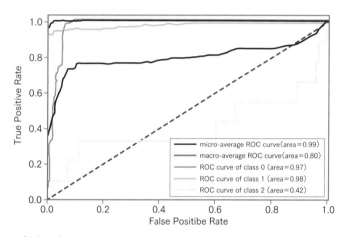

■ 図4.11／不均衡データにおけるMacro ROC-AUC

これを実行すると、図4.11がプロットされます。

　コードについて補足します。np.unique()を使って、各クラスに存在す
る点のx座標の重複を除いています。重複を削除する理由は、各x座標で
の平均値を算出する際に、重複しているx座標であっても平均値を算出し
てしまうためです。例えば、x座標に[0.5, 0.5, 0.7]のように重複があった
とき、0.5の平均値を2回算出してしまいます。

　図4.11を見ると、Micro ROC-AUCと比べてMacro ROC-AUCの評価が
低くなっています。これはClass2のROC曲線の影響を受けたことで評価
値が低くなっていると考えられます。不均衡データにおいて、Macro
ROC-AUCは少数派のクラスであっても、その分類結果の影響を受けやす
いことがわかりました。

　では、不均衡データではない場合はどうでしょうか。以下のコードで試してみましょう。

```
n_classes = len(clf.classes_)
# 各クラスで存在する点のx座標を重複を除いて取得する
# 重複を削除している理由は、各x座標での平均値を算出する際に
# 重複しているものがあると、同じx座標で無駄に平均値を算出してしまうから
# 例えば、集まったx座標が[0.5, 0.5, 0.7]だったとき
# 0.5の平均値を2回算出してしまう
all_fpr = np.unique(np.concatenate([fpr[i] for i in range(n_classes)]))

# 平均tprを入れるarrayを定義
mean_tpr = np.zeros_like(all_fpr)
for i in range(n_classes):
    # 各クラスでall_fprに存在している線形補間して、
    # x座標と同じx座標のときのy座標をすべて足し合わせる
    mean_tpr += np.interp(all_fpr, fpr[i], tpr[i])

# クラス数で割ることでROC曲線の平均値を算出する
mean_tpr /= n_classes

# FPRにはy座標の算出に利用したx座標を入れる
fpr["macro"] = all_fpr
# TPRにROC曲線の平均値を入れる
tpr["macro"] = mean_tpr
# AUCを算出する
roc_auc["macro"] = auc(fpr["macro"], tpr["macro"])

plt.figure()
# Micro ROC曲線を描画
plt.plot(fpr["micro"], tpr["micro"],
        label='micro-average ROC curve (area = {0:0.2f})'
            ''.format(roc_auc["micro"]),
        linewidth=2)

# Macro ROC曲線を描画
plt.plot(fpr["macro"], tpr["macro"],
        label='macro-average ROC curve (area = {0:0.2f})'
```

```
                    ''.format(roc_auc["macro"]),
        linewidth=2)

# 各クラスのROC曲線を描画
for i in range(n_classes):
    plt.plot(fpr[i], tpr[i], label='ROC curve of class {0} (area =
{1:0.2f})'
                              ''.format(clf.classes_[i], roc_auc[i]))

# AUCが0.5のときの直線を点線で描画
plt.plot([0, 1], [0, 1], 'k--')
# x軸の描画範囲を0~1にする
plt.xlim([0.0, 1.0])
# y軸の描画範囲を0~1にする
plt.ylim([0.0, 1.0])
# x軸とy軸に名前をつける
plt.xlabel('False Positive Rate')
plt.ylabel('True Positive Rate')
# 凡例をグラフの右下部分に表示する
plt.legend(loc="lower right")
# グラフを表示する
plt.show()
```

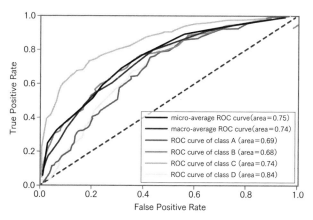

■ 図 4.12／均衡データにおける Macro ROC-AUC

これを実行すると図4.12がプロットされます。

図4.12から、不均衡データの場合と比べて、Micro ROC-AUC と Macro ROC-AUCに差はほぼなく、やや Macro ROC-AUC の方が低い程度の結果となりました。このことから、Micro ROC-AUC と Macro ROC-AUC の使い分けとしては、Micro ROC-AUC はどのクラスであるかは関心がなく、データ全体で正しい分類ができていてほしい場合に利用し、Macro ROC-AUC は各クラスを同等に重要であると考えたいときに利用します。

4.9　最適な評価指標の考察

本章ではさまざまな評価指標を用いて、customer-segmentation データセットで作成したモデルを評価してきましたが、どの評価指標が最適なのでしょうか。ちなみに、customer-segmentation データセットに対して、各評価指標で評価した結果をまとめると表4.1の通りになります。

▼ 表 4.1／customer-segmentation データセットに評価指標を適用した結果

評価指標の名前	Macro	Micro	Weighted
正解率（Accuracy）	-	0.425	-
適合率（Multi Class Precision）	0.416	0.425	0.431
再現率（Multi Class Recall）	0.412	0.425	0.425
F1-score	0.413	0.425	0.427
ROC-AUC	0.64	0.66	0.65

3章と同様に適切な評価指標を選ぶにあたって、ビジネス要件が重要です。ここで、あなたが自動車の販売業者の販売戦略担当だったとします。例えば、ここまでに解説してきた Customer Segmentation データのクラスAをターゲットに、軽自動車の広告DMを送付する施策のため分類顧客セグメントを作成したいと考えていたとします。このとき、以下のような状況だったとします。

- 社内で保持している顧客数は10万人分
- 顧客セグメントを正しく設定するには、人手による作業が必要
  - 1人あたりの分類に平均1分以上かかるとした場合、10万人分すべての顧客セグメントを人手で分類するには1日約8時間作業して、208日かかる

このように、人手で分類するのは限界があるので、今ある顧客セグメントの分類結果から機械学習モデルを学習し、自動で分類を行えるようにしたいと考えました。このとき、この多クラス分類のモデルをどの評価指標で評価するのが適切でしょうか。ビジネス上の要件について整理してみると、以下の通りだったとします。

- すべてのクラスはそれぞれ同じくらい重要
- どれか1つの精度が悪くなることはなるべく避けたい
- 分類時の精度もとりこぼしを防ぐことも同じくらい重要

さらにcustomer-segmentationのデータの分布は、各クラスでバランスがとれており不均衡データではありません。このことから、まず"すべてのクラスはそれぞれ同じくらいの重要"について考えます。これに関しては、すべてのクラスは同じ価値があるとみなす"Macro"で評価するのがよさそうです。次に"どれか1つの精度が悪くなることはなるべく避けたい"について考えます。"Macro"の評価指標には、1つのクラスの評価値が低い場合、その値に影響を受けて全体の評価値が下がる性質があるので、"Macro"を利用すれば要件を満たせそうです。また、"分類時の精度もとりこぼしを防ぐことも同じくらい重要"については、PrecisionとRecallの平均をとるF1-scoreがよさそうだと判断できます。以上から、この問題においては、Macro F1-scoreで評価するのが適していそうです。

1つの指標で見ることを仮定した中では、このような判断をしますが、他の指標を見ないというわけではありません。Macro F1-scoreは、"Macro"の評価値なので、他のクラスは特筆に値しないモデルであっても、極端な値をとるクラスがあればその影響を受けてしまうこともあります。

ですので、プロジェクトを進める際には、評価指標とは別に、"クラスご
とに適合率、再現率、F1-scoreを算出する"、"混同行列を見る"といった、
各クラスの分類性能を確認することも重要です。とはいえ、クラス数がか
なり多い場合はクラスごとに複数の指標を確認するのは現実的ではないの
で、その場合は指標を絞る・グラフなどでわかりやすい形にプロットして
みるなどの工夫が必要です。また、プロジェクトの初期では、ドメイン知
識やビジネスの構造への理解が浅いことで評価指標の選定ミスが発生する
ので、柔軟に評価指標を見直すことも重要です。

　ここでは、ひとまず適合率、再現率、F1-scoreで算出してみましょう。
クラスごとに適合率、再現率、F1-scoreそれぞれを算出するには、scikit-
learnの各評価指標を求める関数のaverage引数にNoneを渡します。

```python
from sklearn.metrics import precision_score, recall_score, f1_score

# 学習用データの読み込み
train_df = pandas.read_csv("../data/customer-segmentation/train.csv")

# 目的変数を抽出
y = train_df.pop('Segmentation').values
# おすすめできる方法ではないがNanをすべて-1で埋める
train_df = label_encoding(train_df).fillna(-1)

# 学習データと検証用データに分ける
X_train, X_val, y_train, y_val = train_test_split(train_df, y, test_
size=0.1, random_state=42)

# モデルは決定木を利用する
clf = DecisionTreeClassifier(random_state=0)
clf.fit(X_train, y_train)

# 検証用データで予測
y_val_hat = clf.predict(X_val)
print("precision: ", precision_score(y_val, y_val_hat, average=None))
print("recall: ", recall_score(y_val, y_val_hat, average=None))
print("f1: ", f1_score(y_val, y_val_hat, average=None))
```

```
precision:  [0.36683417 0.29281768 0.475      0.59911894]
recall:  [0.36868687 0.31360947 0.47263682 0.56903766]
f1:  [0.36775819 0.30285714 0.47381546 0.58369099]
```

このようにして、各クラスの各評価指標での結果を算出できます。これ
により、実はクラスDの精度が比較的高かったことに気づけます。

▌4.9.1　ビジネスインパクトの期待値の計算

3章でビジネスインパクトの期待値を計算したことを思い出してくださ
い。本章で紹介した多クラス分類の評価指標のいずれも、二値分類の評価
と同様にKPI（Key Performance Indicator）に対してどれだけインパクト
があるのか判断できないという問題があります。多クラス分類でのビジネ
スインパクトの期待値を計算するには、基本的に二値分類と同じようにコ
スト行列を設計します。

多クラス分類でのコスト行列は表4.2のように設計できます。

▼ 表 4.2／4つのクラスを持つコスト行列

	真のクラスが クラスA	真のクラスが クラスB	真のクラスが クラスC	真のクラスが クラスD
モデルがクラス Aと予測	c_{00}	c_{01}	c_{02}	c_{03}
モデルがクラス Bと予測	c_{10}	c_{11}	c_{12}	c_{13}
モデルがクラス Cと予測	c_{20}	c_{21}	c_{22}	c_{23}
モデルがクラス Dと予測	c_{30}	c_{31}	c_{32}	c_{33}

customer-segmentationデータセットを使ってコスト行列を考えてみま
しょう。これまではA〜Dの顧客セグメントに分けることを考えていま
したが、コスト行列を設計しやすくするためビジネスの設定を少し変えま
す。ユーザに商品についての紹介メールを送ることで、好みの商品が紹介

されていれば買ってくれるという状況を想定してコスト行列を設計します。各顧客セグメントは以下のように仮定します。

- A：商品 A の紹介メールを送ると商品 A を買うユーザ
- B：商品 B の紹介メールを送ると商品 B を買うユーザ
- C：商品 C の紹介メールを送ると商品 C を買うユーザ
- D：何も買わないユーザ

それぞれの商品は以下の価格だとします。

- 商品 A：10,000 円
- 商品 B：4,000 円
- 商品 C：2,000 円

ここでは分類を間違えても単に買わないだけなので、0 円と捉えることにします。ビジネス次第では、クラス A をクラス B と間違えたときと、クラス A をクラス C と間違えたときで利益が変わることも考えられます。それぞれの間違え方ごとに、コストを設定する必要があるので注意してください。また、多クラス分類のコスト行列の設計にも以下のようなReasonableness の条件を守る必要があります。

- 正解したときのコストより、間違えたときのコストの方が大きくなることを保証する条件
  - 任意のクラス j, k に対して、$c_{kj} > c_{jj}$ を満たす
    - ここで、$j \neq k$
- 偏った予測をするモデルが良いことにならないための条件
  - 任意のクラス j に対して、$c_{mj} \geq c_{nj}$ を満たすことを回避する
    - ここで、m と n は任意のモデルが予測する行であり、$m \neq n$

Reasonableness の条件の前提として、コスト行列の各要素に利益ではなくコストを組み込んでいるので、コスト行列に利益を設定する場合は不

等号を逆にするか、負の値で格納する必要がある点に注意してください。
これらをふまえたうえで最終的に表4.3に示すコスト行列を作成しました。

▼ **表4.3**／customer-segmentationデータセットでのコスト行列

	真のクラスが クラスA	真のクラスが クラスB	真のクラスが クラスC	真のクラスが クラスD
モデルがクラスA と予測	10,000円	0円	0円	0円
モデルがクラスB と予測	0円	4,000円	0円	0円
モデルがクラスC と予測	0円	0円	2,000円	0円
モデルがクラスD と予測	0円	0円	0円	0円

利益の計算は以下の式で表せます。

$$利益 = C_f \odot C_s$$

ここで、C_f は混同行列、C_s はコスト行列を表しています。
では、実際に利益を計算していきます。

```python
import matplotlib.pyplot as plt
from sklearn.metrics import plot_confusion_matrix
from sklearn.model_selection import train_test_split


from sklearn.preprocessing import LabelEncoder
import seaborn as sns
import pandas
from sklearn.tree import DecisionTreeClassifier
from sklearn.metrics import confusion_matrix


from sklearn.model_selection import train_test_split

# 文字列や数値で表されたラベルを0~(ラベル種類数-1)に変換する関数
def label_encoding(df):
```

```
    object_type_column_list = [c for c in df.columns if df[c].
dtypes=='object']
    for object_type_column in object_type_column_list:
        label_encoder = LabelEncoder()
        df[object_type_column] = label_encoder.fit_transform(df[object_type_
column])
    return df


# 学習用データの読み込み
train_df = pandas.read_csv("../data/customer-segmentation/train.csv")

# 目的変数を抽出
y = train_df.pop('Segmentation').values
# 本来は良くないがNanをすべて-1で埋める
train_df = label_encoding(train_df).fillna(-1)
# 顧客のユニークなIDを含むとノイズになるのでカラムを削除する
train_df = train_df.drop("ID", axis=1)

# 学習データと検証用データに分ける
X_train, X_val, y_train, y_val = train_test_split(train_df, y, test_
size=0.1, random_state=42)

# モデルは決定木を利用する
clf = DecisionTreeClassifier(random_state=0)
clf.fit(X_train, y_train)

# 検証用データで予測
y_val_hat = clf.predict(X_val)

# 混同行列を作成
conf_matrix = confusion_matrix(y_val, y_val_hat)

# 分類に用いられるクラス名を定義する
labels = ["A", "B", "C", "D"]
# コスト行列を設定
cost_matrix = np.array([[1000, 0, 0, 0], [0, 4000, 0, 0], [0, 0, 2000, 0],
[0, 0, 0, 500]])
# 混同行列とコスト行列の要素積(アダマール積)を求めて
```

```
# 各要素ごとの利益を算出し、最後に合計利益を計算する
benefit = (pandas.DataFrame(conf_matrix, index=labels, columns=labels).
values * cost_matrix).sum()
print("ビジネスインパクトの期待値:", benefit, "円")
```

ビジネスインパクトの期待値: 475000 円

3章と同様に、コスト行列の各要素に利益を含めたので、ビジネスインパクトの期待値が最大化されています。コスト削減が目的のプロジェクトの場合はコスト行列の各要素にコストを組み込み、ビジネスインパクトの期待値を最小化するとよいでしょう。結果から、検証用データの807人に紹介メールを送ると、475,000円の利益が期待できるとわかりました。人手で作成したセグメントがあれば、セグメントの作成コストを差し引いた利益とここで計算した期待値を比較することもできます。

ここでは、検証用データの人数である807人に紹介メールを送った場合のコストを計算しました。現実ではメールを送りたい対象の人数が検証用データの人数と一致することはなく、仮に10,000人に送ったらいくらの利益が見込めそうなのかといったことを考えるでしょう。これも3章の二値分類の例と同様に1人あたりのビジネスインパクトの期待値を利用することで実現できます。求め方は簡単で、混同行列の各要素に対して合計人数（807人）で割るだけです（表4.4）。表4.4の行列とコスト行列の要素積を求めれば、1人あたりのビジネスインパクトの期待値を計算できます。

▼ **表4.4**／customer-segmentationデータセットでの混同行列の各要素の人数の割合

	真のクラスが クラスA	真のクラスが クラスB	真のクラスが クラスC	真のクラスが クラスD
モデルがクラスA と予測	$73/807 \simeq 0.090$	$48/807 \simeq 0.059$	$31/807 \simeq 0.038$	$46/807 \simeq 0.057$
モデルがクラスB と予測	$50/807 \simeq 0.061$	$53/807 \simeq 0.065$	$43/807 \simeq 0.053$	$23/807 \simeq 0.028$
モデルがクラスC と予測	$37/807 \simeq 0.045$	$47/807 \simeq 0.058$	$95/807 \simeq 0.117$	$22/807 \simeq 0.027$
モデルがクラスD と予測	$39/807 \simeq 0.048$	$33/807 \simeq 0.040$	$31/807 \simeq 0.038$	$136/807 \simeq 0.168$

　1人あたりのビジネスインパクトの期待値を計算できたら、そこに紹介メールを送りたい人数を乗算することで、望む人数分のビジネスインパクトの期待値が計算できます。では、実際に10,000人に紹介メールを送るときのビジネスインパクトの期待値を求めてみましょう。

```
# コスト行列を設定
cost_matrix = np.array([[1000, 0, 0, 0], [0, 4000, 0, 0], [0, 0, 2000, 0],
[0, 0, 0, 0]])
# 混同行列の各要素の人数の割合を求める
conf_matrix_rate = conf_matrix / conf_matrix.sum()
# 混同行列の各要素の人数の割合と対応するコスト行列の要素の積を求めて
# 各要素ごとの利益を計算し、最後に要素ごとに合計して利益を求める
benefit = (pandas.DataFrame(conf_matrix_rate, index=labels, columns=labels).
values * cost_matrix).sum()
print("1人あたりのビジネスインパクトの期待値:", round(benefit, 2), "円")
print("10000人に紹介メールを送るときのビジネスインパクトの期待値:",
round(benefit * 10000), "円")
```

1人あたりのビジネスインパクトの期待値: 588.6 円
10000人に紹介メールを送るときのビジネスインパクトの期待値: 5885998 円

　10,000人に紹介メールを送るときのビジネスインパクトの期待値は5,885,998円となりました。この結果をもとにビジネスサイドは、手動でセグメントを作るべきか、機械学習を使ってセグメントを作るべきかを意思決定できます。本書で紹介した"教科書的"な評価指標であるMacro、Microの評価指標は、"正解すると利益が大きいクラスが正解しても、利益が小さいクラスが正解しても同じ重要度で評価する"ことになります。Weightedの評価指標では、サンプル数が多いクラスの重みを大きくして重要度を調整していました。100,000円の商品を買うクラスと500円の商品を買うクラスの2つがあるケースでは、直感的に500円の商品を買うクラスの人数が大きくなりやすいことがわかります。Weightedの評価指標は、このようなケースを考慮できないという問題点があります。一方で、"ビジネスインパクトの期待値"を使うことで、これらの問題を解決でき、そのメリットは大きいと言えます。また、「1.5.2 評価指標とKPIの関係」

では、KPIを定義し、評価指標が改善すればKPIも改善するように評価指標を決めることが重要である旨を説明したことを思い出してください。その意味では、このビジネスインパクトの期待値は、ここで紹介した評価指標よりもKPIに沿った評価指標になっているので、このケースにおいて真に使うべき評価指標はビジネスインパクトの期待値であると言えます。コスト行列を設計できそうな問題に取り組む際には、ビジネスインパクトの期待値を利用することをぜひ検討してみてください。

4.10 まとめ

本章では、多クラス分類で利用されるMacro、Micro、Weightedに基づく評価指標を解説してきました。どの評価指標においても、平均の算出方法によって評価指標が大きく変わる性質を学びました。例えば、"Macro"の評価指標は、どのクラスも同じだけ重要とみなす指標であり、不均衡データの場合は少数派クラスの結果に影響を受ける性質があります。また、"Micro"の評価指標は、正解率、再現率、適合率、F1-scoreに関してはすべて等価であり、不均衡データの場合は少数派のクラスよりも多数派のクラスが支配的になりやすく、少数派のクラスが無視される傾向があります。そして、"Weighted"の評価指標は、再現率に関しては正解率と等価であり、多数派のクラスを優先的に重み付けすることで"Micro"よりも多数派のクラスの値が支配的になりやすい性質を持っていました。また、二値分類のときと同様に多クラス分類でもビジネスインパクトの期待値が計算できることも紹介しました。本章の最後に、これらの使い分けをイメージしやすくするために、具体例をふまえて解説しました。本章で解説した評価指標は、二値分類の考えを拡張したものです。もしわかりにくいと感じたら、あらためて3章を読み直してみてください。

▍ 参考文献

[scikit-learn07] "Receiver Operating Characteristic (ROC) -- scikit-learn 1.1.1"
https://scikit-learn.org/stable/auto_examples/model_selection/plot_roc.html

付録

ビジネス構造の数理モデリング

A.1　ビジネス構造の数理モデリング

　私たちは日々の生活において、自分の価値観や信念といった色眼鏡を通して世界を見ています。一方、本書では評価指標という色眼鏡を通じて、機械学習をビジネスに役立たせるための方法を複数の例を用いて紹介してきました。本付録では、本編よりもより数理的な意味で詳細にビジネス構造を数理的に捉えるための考え方を例題を通じて紹介します。具体的には、サブスクリプション形式のビジネスモデルにおけるKPIを、期待値を用いて書き下し、このときの評価指標の選び方を紹介するものです。ここで示した考え方が、読者が抱えるビジネス課題を解くための一助になれば幸いです。

　本書ではできるだけ高度な数学を使わずに説明しようと試みましたが、本付録ではその"縛り"を解除します。ここで示す考え方は、機械学習に関連する書籍ではほとんど言及されることのない、本書を本書たらしめ、本書を"特徴付ける"本書の特徴量と言ってもよいものです。

　まず本付録では、KPIは施策に依存した確率変数であり、ビジネス上のゴールをKPIの最大化と仮定しましょう。結論から先に述べてしまうと、こう仮定した場合、KPIの最大化は施策によって条件付けられた期待値を最大化する最適化問題として定式化されます。KPI自体は施策以外の外的な環境にも依存しますが、機械学習を用いて問題を解いていく場合、通常、暗に陽に"環境自体は所与であり我々が動かせない"と仮定していることから、ここでは省略します。このあまりに抽象的すぎる結論を、例を交えて順を追って見ていくことが本付録の目的でもあります。

　本付録においては、ビジネスの現場で起こした何らかの活動のことを**施策（アクション）**と呼びます。施策という概念は、機械学習モデルを用いたビジネス上の活動に限らずもっと幅広い意味を持ちます。例えば、以下のようなビジネス上の活動のすべてが施策となり得ます。

- 見込み顧客への訪問時に必ず見込み顧客のためになる土産話を持っていく

- 北海道の工場建設に 100 億円の投資を決定する
- 大幅値引きキャンペーンを実行する
- ある特定のユーザセグメントに対してのみクーポンを配布する
- 機械学習モデルの開発を意思決定して推薦システムを構築する

　数理的な側面から考えると、すべてのビジネスパーソンの仕事とは"売上や利益など設定された KPI は施策というビジネス上の活動の関数であり、この関数の値を向上させるような施策を見つけ実施し続ける最適化である"と捉えることもできます。

　上記の施策例を取り上げると、KPI への影響というのは以下のように考えることができます。

- "見込み顧客への訪問時に必ず見込み顧客のためになる土産話を持っていく"という施策を行うことで商談の成功確率を上げ、売上に対して正のインパクトを与えていく
- "北海道の工場建設に 100 億円の投資を決定する"という施策を通じて、未来の時点における売上や利益の確率分布の平均値や中央値を正の方に押し上げていく

A.2　"KPIの分解"を真面目に考える

　機械学習モデルを考えるその前段に、対象となるデータの基礎集計や KPI ツリーの作成を担当することも多々あるでしょう。

　ここでは、シンプルな KPI に分解する例を用いて、本付録の主張である KPI の最大化を、施策によって条件付けられた期待値を最大化する最適化問題として定式化していく様子を見ていきましょう。

　KPI ツリーとは、ビジネスの最終的な目標[*1]を構成する要素を分解し、

[*1]　KGI（Key Goal Indicator: 重要目的達成指数）と呼ばれますが、本書においては呼び名は重要ではありませんので割愛します。

ツリー型に可視化したものです。ECサイトの売上を例に挙げると、最も単純なKPIツリーは図A.1のようになります。

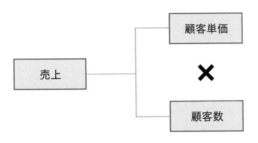

■ **図A.1**／KPIツリーの例

　ここでは2つの因子（顧客単価、顧客数）の積として、売上という量を表現してみましたが、実際のビジネスの現場では、顧客数をさらに「新規顧客 + 既存顧客」のように細かい因子に分解し、最終的には「KPIを分解した結果を受けて、我々は既存顧客向けのXという施策を行うぞ！」といった意思決定が行われます。その施策の実装手段の1つとして、機械学習が導入されるという手順でビジネスが進んでいきます。

　以下は、なんの変哲もない直感的に理解できる式です。説明を簡単にするため、ここでは2因子に分解しています。

$$売上 = 顧客単価 \times 顧客数$$

　ここで売上をKPIとして設定し、データサイエンティストであるあなたの担当業務を"データサイエンスを用いて売上を向上させること"と定義しましょう。上式の関係から、あなたは"顧客単価の向上"、あるいは"顧客数の増加"を企図して、売上というKPIを向上させる施策を考えることになります。

　ビジネスの現場では、売上向上プロジェクト関係者の共通理解として、このようなふわっとしたKPIの分解のみ行って、ビジネスが進んでいきます。しかし、本書の対象読者を念頭に、数学的な視点からもう一歩踏み込んで、データサイエンティストである我々がどのようにビジネスに取り組んでいるのかを明らかにしていきましょう。

　このKPIの分解においては、さまざまな要素が欠如しています。第一に、時間の概念が欠如しています。我々が「売上を向上させる」と言った場合の時間は、1週間前、1ヶ月前といった過去の日付ではなく、1週間後、1ヶ月後といった未来の日付、あるいは未来の一定期間に対する売上の向上を意図しています。

　第二に、この向上させる売上を将来時点での売上とするならば、数学的に考えると、数値で売上を表現するよりも、現時点では確定できない将来時点の売上であるとみなして、確率変数として表現する方が自然でしょう[*2]。

　したがって、売上向上プロジェクトを通じて成し遂げたいことを適切に言い表すとすると、"将来時点での売上という現時点では確定し得ない確率変数の期待値を最大化する" ことと言えます。つまり我々データサイエンティストにとって、ビジネスにおける "売上を向上させる" こととは、"現時点 $t_0 (= 0)$ から見た、将来時点 $t_1 (= t)$ における売上の期待値を向上させること" と、数学的に表現することが適切でしょう。さらに統計学的に言い換えると、売上という確率変数の1次のモーメント（積率）のみを考えることに相当します。2次以上の高次のモーメントを考える必要性については、施策やビジネスの性質に応じて検討する必要があります。例えば大きな売上の変動は許容できないという状況であれば、売上の2次のモーメント（分散）も考慮する必要があります。

　ここまでの議論をふまえてKPIの分解を正しく表現すると、期待値を用いて以下の式のように書けます。添字の t は時点 t における値を意味し、$\mathbb{E}[\ldots]$ は実確率測度[*3]の下での期待値を表します。

$$\mathbb{E}[売上_t] = \mathbb{E}[顧客単価_t \times 顧客数_t]$$

　この左辺 $\mathbb{E}[売上_t]$ を何らかの施策を通じて最大化していくことが、ここでのデータサイエンティストの役割です。より正確には、施策を通じて売上を向上させていくことは、データサイエンティストの問題のみならず、

[*2]　ここでは話を単純にするために、キャンセル不可能な予約商品による売上のような "現時点で確定する将来時点の売上" を考えていません。

[*3]　実確率測度とは「現 "実" に観察され得る確率測度」という意味です。"実" と明示することにどういう意味があるのかはコラム「確率測度を明示するご利益」を参照してください。

売上に関与する他の職種すべての職責と言えます。

確率測度を明示するご利益

"実"確率測度という量を持ち出し、その確率の下での期待値をとる、と前述しました。「現実に観察され得る実確率測度以外の確率測度なんて存在するの？　そもそも現実に観察されない確率なんて意味がわからないし、価値がなさそう。だから、このような言及は無意味。ただ確率と言えばいいじゃない」などとお考えになる読者もいるでしょう。しかし、現実には観察されない、あるいは現実とは関係のない確率を区別して考えることは重要であり、この考え方は新しい統計的な計算手法開発へとつながっています。例えば、金融工学においてはリスク中立確率測度という実確率測度とは異なる確率が金融派生商品の値付けにおいて中心的な役割を担いますし、統計科学では同様のアイデアとして重点（インポータンス）サンプリングが、また、統計的機械学習では密度比の推定などのアイデアが、この実際のデータの分布とは関係のない確率というアイデアを基礎としており、これらの計算手法は暗に陽に読者のみなさんも日々のデータサイエンス業務においてお世話になっているものです。興味ある読者は章末の「参考文献」に挙げている [大森01]、[間瀬16]、[杉山17]、[Sugiyama12]、[藤田17] などを参考にするとよいでしょう。

さて、ここで示した数式には、施策という概念が一切登場しませんでした。これでは、ビジネスの数学的表現を施策という条件の下での条件付き期待値のように説明したことと矛盾します。この期待値計算に施策を取り込む方法を考えていきましょう。

まず"施策全体の集合"Aを定義します。施策全体の集合と突然言われると身構えてしまいそうですが、難しく考える必要はありません。実際に実行可能なビジネス上の各施策を要素に持つ集合、ということです。例えば、以下のような集合として書き下すことができます。

$$\mathcal{A} = \{\; 大幅値下, クーポン配布パーソナライゼーション,$$

$$新商品投入, セールス増員, \ldots\}$$

繰り返しになりますが、施策は条件付き期待値計算の条件にあたるものです。そして、条件付き期待値は初等的確率論では、その条件の関数とみなすことができます。したがって、施策 a を指定してやることで、この条件付き期待値という関数はある値を返すことになります。

$$\mathbb{E}\,[売上_t \mid A = a]\,; a \in A\,^{*4}$$

読者のみなさんが「売上を上げるために施策を実行するぞ！」と言った場合、数学的には「施策の関数である KPI（売上）の条件付き期待値を最大化するような施策 a を選ぶぞ！」と宣言していることに等価なのです。すなわち、施策を通じた売上の最大化は以下のように書くことができます。

$$argmax_a \mathbb{E}\,[売上_t \mid A = a]$$

売上を最大にする施策 a がこの最適化問題の最適解となる、ということです。それでは、顧客ごとのパーソナライゼーションやアイテム推薦施策を実行して、売上を構成する顧客単価を向上させようと思い、以下の式のように分解したとします。

$$\mathbb{E}\,[売上_t \mid A = a] = \mathbb{E}\,[顧客単価_t \times 顧客数_t \mid A = a]$$

これでは、顧客単価が全顧客の平均値として書かれているため、各施策の効果がどのように影響するのかわかりにくくなっています。

そこで、上式の分解と整合性を保ったまま、全体の売上を各顧客の売上の和として分解してみましょう。

$$\mathbb{E}\,[売上_t \mid A = a] = \mathbb{E}\left[\sum_{u \in U_t} S_t^u \mid A = a\right]$$

確率変数 U_t は時点 t における全顧客の集合、また確率変数 S_t^u は時点 t

---

* 4 　測度論的確率論においては、関数ではなく確率変数であると考えるのですが、ここでは関数だと考えてもらっても結果は整合的です。

における顧客uの売上です。ここでは売上、顧客数のいずれも確率変数であると仮定しています。なぜなら、現時点から見た将来時点において、どのぐらいの顧客がこのECサイトに訪れるかは、現時点で確定させることができないからです。そのため、確率変数と考えるのが自然です。この条件付き期待値を、時点tにおける顧客数$N_t = \sum_{u \in U_t} 1$を用いて整理すると

$$
\begin{aligned}
\mathbb{E}\left[\text{売上}_t \mid A = a\right] &= \mathbb{E}\left[N_t \frac{\sum_{u \in U_t} S_t^u}{N_t} \mid A = a\right] \\
&= \mathbb{E}\left[\mathbb{E}\left[N_t \frac{\sum_{u \in U_t} S_t^u}{N_t} \mid N_t, A = a\right] \mid A = a\right] \\
&= \mathbb{E}\left[N_t \mathbb{E}\left[\frac{\sum_{u \in U_t} S_t^u}{N_t} \mid N_t, A = a\right] \mid A = a\right]
\end{aligned}
$$

このように変形することができます。ここでは塔定理(Tower Property。初等的な確率論では"繰り返し条件付き期待値の法則"とも呼ばれます)を用いて、条件付き期待値のネストをあえて付け加えています。この結果、

$$
\text{顧客単価}_t = \mathbb{E}\left[\frac{\sum_{u \in U_t} S_t^u}{N_t} \mid N_t, A = a\right]
$$

とみなすことができます。データサイエンティストが秘密の呪文の如く唱える「パーソナライゼーション！」とは、多くの場合がこの数式を最大化することで、顧客単価を向上させようと試みていることを意味します。ここで、新たにN_tによる条件を加えている点に注意してください。これはある1日という"将来"時点において、何人のユーザがやってくるのかが"今"時点で確定していて、N_tという値をとるということです[*5]。その固定されたユーザ数に対して、顧客単価を増加させる施策を行うという意味です。実際のデータによるパーソナライゼーションの検証とは、この期待値

[*5]　測度論的な解釈では、より込み入った話になるのですが、ここではこの程度の認識でかまいません。

の推定量をデータで近似し、計算していることになります。実際には、雨が降れば来店者数が少なくなる、セールになれば増えるなど、ユーザ数は確率変数として取り扱わなければならないのですが、条件付き確率を複数重ねる（ネストさせる）ことによって、あたかもユーザ数が固定であるとして計算を進めてよいという状況を作り出しているのです。ユーザ数の変化は、もう1つ外側の期待値計算で実行されることになります。ここでの表現・数式処理は、冗長に書きすぎているように思われるかもしれません。しかし、このような数学的な豊かさと数理モデリングが背景にあることによって、日ごろのデータサイエンス活動（「パーソナライゼーション」と一言で済ませしまうようなものであっても！）は支えられているのです。

　ここでの解説はまだまだ抽象的な表現なので、より具体的な例を用いて、数学的視点を推し進めていきます。

A.3　サブスクリプションビジネスの数理モデリング

　近年、月極駐車場や賃貸住宅経営のような従来から存在するビジネスモデルが、その主戦場をソフトウェア分野に移しています。世界的に見ても盛んなこのビジネスモデルは**サブスクリプション**と呼ばれます。サブスクリプションとは、定期購読を意味し、商品やサービスを直接的に所有・購入するのではなく、一定期間利用できる権利に対して料金を支払うビジネスモデルです。日本でも、動画配信サービスやチームコミュニケーションツール、あるいはオンライン家計簿・資産管理ツールなど、多数の有名なサービスがサブスクリプションを採用しています。

　サブスクリプションビジネスでは、事業全体のKPIに**MRR（Monthly Recurring Revenue）**と呼ばれる収益指標を選択することが多いため、このMRRを題材に取り上げます。MRRを日本語に訳すと"月次経常収益"です。ある月に売り上げた収益（売上）を指します。MRRを数式にすると、以下のように表現できます。

$$MRR = \sum_{i \in N_E} U_i(1 - \mathbf{1}_{\{Churn_i\}}) + \sum_{i \in N_{\bar{E}}} U_i \mathbf{1}_{\{Subscribe_i\}}$$

数式内の記号の説明は以下の通りです。

- U_i：ユーザiの月額プラン料金
- $Churn_i$：ユーザiがその月に解約（Churn）するか否か（解約する場合に True）
- $Subscribe_i$：ユーザiが新規に契約するか否か（契約する場合に True）
- N_E：既存ユーザ集合
- $N_{\bar{E}}$：潜在ユーザ集合（まだ有料プランに契約していないユーザ。既存ユーザの補集合）

　解きたい問題は、KPIであるMRRの最大化であり、それを達成するようなビジネス施策aを見つければよいことになります[*6]。

$$argmax_a \mathbb{E}\left[MRR \mid A = a\right]$$

　ここでは"データサイエンティストが解約率の高そうなユーザを予測、営業マンにそのリストを報告し、営業マンがリストをもとに解約阻止活動を実行してMRRの低減を防ぐ"という一連の行動を、ビジネス施策aとして考えましょう。ビジネス施策aを具体的に書き下すと

$$a = \{a_i; i \in N_E\}$$

という集合で表現できます。ここでa_iは"あるユーザiに対して解約阻止活動を行うか否か（解約阻止活動を行う場合に True）"です。"すべてのユーザに対して解約阻止活動をするかしないかを決め、実践すること"をビジネス施策と呼称していると考えてもかまいません。

[*6] 　この数理モデルでは「月中に解約した場合、その月の料金は一切支払わなくてよい」「例え月末ギリギリに加入した場合でも、その月のプラン料金全額を支払う必要がある」「ビジネス施策実行にかけた費用がMRRでは見えてこない」など、ユーザ・運営者としては許容できない条件となっていますが、簡便のためにこのように仮定して解説を進めます。

　プラン料金 U_i を向上させることによってMRRを増大させることもできますが、その考え方は1章で紹介した「クーポン配布」とほぼ同じです。ここでは解約阻止（Chrun Prevention）を行うとし、ビジネス施策はプラン料金 U_i に影響を及ぼさない、つまりアップセルまたはダウンセルを行わないとします。

　また、計算を簡単にするために、以下の仮定を置きます。

- 凄腕の営業マンの解約阻止活動は100%成功する（解約率を0%に下げることができる）
- 営業人材のリソースには限りがあるため、営業マンに渡される解約候補リストに列挙されるユーザ数 N_A は、既存ユーザ数 N_E に比べてずっと小さく、解約候補リストは大きく絞り込まれる必要がある

　この問題自体は「ユーザが解約するかしないかを予測する」ものなので、シンプルに考えるならロジスティック回帰などを用いた二値分類として定式化してよさそうです。

　では、このときの評価指標には何を選択するべきでしょうか？　二値分類問題を解いているのでAUCを使えばよいでしょうか？　それともF-scoreを使えばよいのでしょうか？　そもそもデータサイエンティストの最終成果物としては、図A.2のように「解約しそうなユーザの解約率」を解約率の降順にまとめた表を作成して、営業マンに渡せばよいのでしょうか？

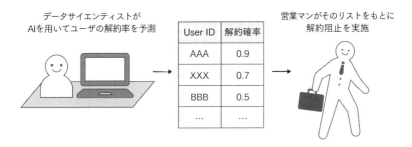

■ **図 A.2**／解約候補者リスト

次項以降でこれらの疑問について考えていきます。

▌A.3.1　MRRを最大化するために使うべき評価指標の導出

「二値分類の結果となる解約確率の高いユーザを率先してケアし、解約を阻止すればMRRを最大化できるのではないか?」という考え方は至極全うであり、理にかなったものです。したがって、3章で紹介した二値分類でよく使われるAUCやRecall、Precision、F-scoreなどの評価指標を使用したい誘惑にかられます。

　一方、ユーザが毎月サービスに課金してくれる金額の大きさも加味する必要もあるのではないでしょうか? 例えば、月額1万円課金してくれるユーザと、月額2万円課金してくれるユーザがおり、双方が解約を検討しており仮にその解約確率が同じであるならば、金銭的な観点から考慮すると後者のユーザの解約阻止を優先した方がよさそうです。あるユーザiの月額料金(U_i)が高ければ高いほど、優良顧客と呼ぶことができます。お得意様と表現してもよいでしょう。金額という視点を取り入れると、優良顧客を重点的にケアしつつ、優良顧客の解約を阻止することが直感的には良い判断と言えそうです。

　このように考えると、解約阻止の際に考慮しなければならない因子は、二値分類でよく扱われる解約確率と、月額料金の2つになります。これらの2つの因子は、MRRにどのような影響を及ぼし、どちらの因子をどれだけ重要視すればよいのでしょうか。この疑問に答えるために、数理モデリングによってサブスクリプションビジネスの構造を明らかにしていきます。

　今回は、ユーザの解約を阻止してMRRを高める施策を考えます。MRRの数式において、ユーザの解約部分に着目して式を変形してみましょう。ユーザが解約してしまうか否かは、$\mathbf{1}_{\{Churn_i(a)\}}$ で表現されます。以降、$Churn$をビジネス施策aによって制御するという意図を明確にするため、$Churn$を明示的にビジネス施策aの関数として書いていきます。

$$\mathbb{E}\left[MRR \mid A = a\right] = \mathbb{E}\left[\sum_{i \in N_E} U_i(1 - \mathbf{1}_{\{Churn_i(a)\}}) + \sum_{i \in N_{\bar{E}}} U_i \mathbf{1}_{\{Subscribe_i\}} \mid A = a\right]$$

$$= \mathbb{E}\left[\sum_{i \in N_E} -U_i \mathbf{1}_{\{Churn_i(a)\}} \mid A = a\right] + \mathbb{E}\left[\sum_{i \in N_E} U_i + \sum_{i \in N_{\bar{E}}} U_i \mathbf{1}_{\{Subscribe_i\}}\right]$$

$$= -\sum_{i \in N_E} \mathbb{E}\left[U_i \mathbf{1}_{\{Churn_i(a)\}} \mid A = a\right] + (a \text{ に依存しない項})$$

ここで2つ目の等号の第二項目はaに関係ないので、条件付き期待値を
ただの期待値へと置換しています。したがって、施策aで条件づけた
MRRの期待値を最大化する問題は、

$$-\sum_{i \in N_E} \mathbb{E}\left[U_i \mathbf{1}_{\{Churn_i(a)\}} \mid A = a\right]$$

を最大化する問題と等価だということです。

この関係をより深く整理する前に、まずビジネス施策aが解約に及ぼす
影響を明示的に書き下しておきましょう。今回仮定している状況は「凄腕
の営業マンによる解約阻止活動で100%ユーザの解約を阻止できる」とい
うものでした。この状況は以下のように書き下すことができます。

$$\mathbf{1}_{\{Churn_i(a)\}} = \mathbf{1}_{\{Churn_i\}}\left(1 - \mathbf{1}_{\{a_i\}}\right)$$

この数式は

- 1をとる場合
  - ユーザiが解約しようとし、かつ、ユーザiに対する解約阻止施策
    が実行されなかった（解約阻止失敗）
- 0をとる場合
  - ユーザiが解約しようとし、かつ、ユーザiに対する解約阻止施策
    を実行した（解約阻止成功）
  - ユーザiはそもそも解約しない

となっており、我々がいま期待している施策と一致します。「現実の施策をどのように数式として表現するか？」は、データサイエンティストがビジネスを数理モデリングする際の腕の見せどころです。ここでは、凄腕のセールスマンは確実に解約を阻止できるという仮定を置いていますが、より現実を反映させ、セールスマンの解約阻止失敗を考慮するならば、"セールスマンがユーザ i の解約を阻止できる確率"の効果を加味する必要があります[*7]。

この関係を $\mathbf{1}_{\{Churn_i\}}$ に代入し、整理すると以下のようになります。

$$
\begin{aligned}
\mathbb{E}[MRR \mid A=a] &= -\sum_{i \in N_E} \mathbb{E}\left[U_i \mathbf{1}_{\{Churn_i(a)\}} \mid A=a\right] + (\text{a に依存しない項}) \\
&= -\sum_{i \in N_E} \mathbb{E}\left[U_i \mathbf{1}_{\{Churn_i\}}\left(1-\mathbf{1}_{\{a_i\}}\right) \mid A=a\right] + (\text{a に依存しない項}) \\
&= \sum_{i \in N_E} \mathbb{E}\left[U_i \mathbf{1}_{\{Churn_i\}}\mathbf{1}_{\{a_i\}} \mid A=a\right] + (\text{a に依存しない項}) \\
&\sim \sum_{i \in N_E} U_i \mathbf{1}_{\{churn_i\}}\mathbf{1}_{\{a_i\}} + (\text{a に依存しない項})
\end{aligned}
$$

2行目から3行目への式変形では、期待値計算を1サンプルで近似計算するという操作で置き換えています。したがって、

$$
\sum_{i \in N_E} U_i \mathbf{1}_{\{churn_i\}}\mathbf{1}_{\{a_i\}}
$$

を実際のデータに基づいて最大化するとオフラインテストでのMRRの最大化を達成することができます。ただしここで最大化する際には条件「予測値として営業リストに載せられる個数（a_i が1となる場合の数）が N_A である」が付随する点に注意してください。上式は、仮にすべての $U_i; i \in N_E$ を1とおくと、以下のように計算することができます。

[*7] 数式としては簡単に追加できますが、「現実にその解約阻止の失敗をどう推定するのか？」は難しい問題です。興味ある読者はチャレンジしてみましょう。

$$\sum_{i \in N_E} \mathbf{1}_{\{churn_i\}} \mathbf{1}_{\{a_i\}} = TP$$

なぜこの値がTPに等しくなるかというと、分子の数式は

- 解約しそうなユーザ（$\mathbf{1}_{\{churn_i\}} == 1$となる場合）を
- 正しく当てられた（$\mathbf{1}_{\{a_i\}} == 1$となる場合）
- その場合の数の和（$\sum_{i \in N_E}$）

と解釈でき、これはまさにTPそのものだからです。さて、考え方を拡張し、2章で説明したRecallやPrecision、FPRを$'$付きで再定義すると、以下のように考えることができるでしょう。

$$\text{Recall}' = \frac{\sum_{i \in N_E} U_i \mathbf{1}_{\{churn_i\}} \mathbf{1}_{\{a_i\}}}{\sum_{i \in N_E} U_i \mathbf{1}_{\{churn_i\}}}$$

$$\text{Precision}' = \frac{\sum_{i \in N_E} U_i \mathbf{1}_{\{churn_i\}} \mathbf{1}_{\{a_i\}}}{\sum_{i \in N_E} U_i \mathbf{1}_{\{a_i\}}}$$

$$\text{FRP}' = \frac{\sum_{i \in N_E} U_i (1 - \mathbf{1}_{\{churn_i\}}) \mathbf{1}_{\{a_i\}}}{\sum_{i \in N_E} U_i (1 - \mathbf{1}_{\{churn_i\}})}$$

他の指標についても同様に定義できます。ここで再定義した指標は、それぞれ仮にすべての$U_i; i \in N_E$を1と置いた場合、通常のRecallやPrecision、FPRに一致するものであり、データに対して重み付けを施したものになります。

ここで再定義した量はWeighted Recall、Weighted Precision、Weighted FPRとでも呼称されるべき指標であり、単なるRecall、Precision、FPRとは異なります。見方を変えると、"Recall、Precision、FPRという典型的な評価指標の中に、月額プラン料金U_iというドメイン知識が入ってきている"と考えることもでき、これが本書で繰り返し主張している"ドメイン知識がなければ正しい評価指標は設計できない"の最たる例と言えます。またN_A自体は営業マンのコストなどであらかじめ決

定される固定値だとみなすと、$\sum_{i \in N_E} U_i \mathbf{1}_{\{churn_i\}} \mathbf{1}_{\{a_i\}}$ 自体を評価指標として使う、という考え方もあり得るでしょう。

「ここで定義した $Recall'$ や $Precision'$、FPR' を用いて AUC を計算し、最も良いモデルを見つける」という方法論は正しいですが、上述のように N_A 自体が N_E よりも小さい値である点に注意してください。例えば ROC 曲線を考える場合、範囲が N_A 以下の値になるよう FPR の範囲を設定した Partial AUC（pAUC）[McClish89]、[Thompson89] を用いて計算する必要があります（pAUC については「3.12 pAUC」も参照してください）。

ここまでをまとめると、以下のような条件によって、使用すべき評価指標の形がスタンダードなものと異なる形となった、ということです。

- 採用しているビジネスモデル（今回の例はサブスクリプションモデルでした）
- 置かれた仮定
  - すべてのユーザではなく、N_A 人に対してのみ解約阻止施策を実行できる
  - セールスマンは確実に解約を阻止できる
  - 月内に解約をすれば、その月の費用を支払わなければならない
  - 月内に契約をすると、その月の費用を全額支払わなければならない

本付録を通じて、読者のみなさんが採用しているビジネスモデルの構造に応じて、単に評価指標を使用するだけでなく、扱い方にもコツがあることを理解していただけると幸いです。

最後に、ここで著者が主張したいことは、"ビジネスの施策によって条件付けられた KPI（MRR）の期待値を最大化すればよい"ということではありません。KPI の変動が大きすぎる、または当たり外れの大きいバクチのような施策を実行できない場合には、期待値を最大化するだけでは不十分です。KPI、あるいはその変化率の分散をリスクとみなし、これを最小化する、あるいは目的関数に項として追加するなどの考慮が必要です。ここで主張したいことは、**機械学習モデルの良し悪しを評価する評価指標**と、MRR という売上に相当する KPI が、"ビジネス上の施策によって条件

付けられた条件付期待値"によって結びつけられるという点です。評価指
標がビジネスと機械学習の間を結ぶ架け橋となっているさまを感じていた
だけましたか？

▌ 参考文献

[McClish89] Donna McClish "Analyzing a portion of the ROC curve", Medical decision making, 1989.

[Sugiyama12] Masashi Sugiyama, Taiji Suzuki, Takafumi Kanamori. "Density ratio estimation in machine learning" Cambridge University Press, 2012.

[Thompson89] M. L. Thompson, W Zucchini "On the statistical analysis of ROC curves", Statistics in Medicine, 1989.

[大森01] 大森裕浩 "マルコフ連鎖モンテカルロ法の最近の展開", 日本統計学会誌, p305-344, 2001.

[杉山17] 杉山将 "密度比に基づく機械学習の新たなアプローチ.", 統計数理, p141-155, 2010.

[藤田17] 藤田岳彦 "ファイナンスの確率解析入門", 講談社, 2017.

[間瀬16] 間瀬茂 "ベイズ法の基礎と応用―条件付き分布による統計モデリングとMCMC 法を用いたデータ解析" 日本評論社, 2016.

索引

■ 著者プロフィール

高柳 慎一（たかやなぎしんいち）

2020年 総合研究大学院大学複合科学研究科博士課程修了、博士（統計科学）。
徳島大学デザイン型AI教育センター客員准教授。

客員准教授以外にも阿修羅の如くいくつもの顔を持ち、会社・学会・家庭において、妖精・座敷童子・AIエンジニア・幹事・父を兼務。

愛娘の名前は凪（なぎ）で韻を踏んでいる。「老兵は死なず、ただ消え去るのみ」のマインドで書籍関連業から退くべく若者のプロデュース（監修）業に邁進するも、数年前に行った"編集の悪魔"との契約に基づき地獄より召喚され本書の執筆に至る。

近年の訳書・監修書籍は『前処理大全』技術評論社（監修）、『効果検証入門』技術評論社（監修）、『施策デザインのための機械学習入門』技術評論社（監修）、『Federated Learning』共立出版（共訳）等多数。

本書のはじめに、1章、付録を執筆、2章を共同執筆。

長田 怜士（ながたりょうじ）

大阪電気通信大学情報通信工学部情報工学科卒業（学士）。

新卒でセキュリティエンジニアをしていたが、機械学習がしたい欲求に抗えず株式会社ALBERTに転職し、機械学習プロジェクトの経験を積む。その後スタートアップ2社を渡り歩き、現職の株式会社ユーザベースに入社。

現在はユーザベースのSaaS事業にて、機械学習を用いた機能開発・運用を主に担当。

ありそうでなかった「ビジネスの現場においてモデルの評価指標をどう設定すればよいのか」という質問に回答する書籍を作るべく、今回の執筆に携わりました。ぜひ本書をお楽しみいただければ幸いです。

本書の3章、4章を執筆、2章を共同執筆。

■ 監修者プロフィール

株式会社ホクソエム (HOXO-M Inc.)

本書の監修を担当。マーケティング・製造業・医療等の事業領域において、受託研究、分析顧問、執筆活動を展開している。最近は分析顧問案件増加中。各メンバーが修士・博士号取得者であることを活かし、アカデミアとの共同研究も展開。能管 (能の笛) を探しています。家族・親戚・知人に蔵をお持ちの方、ご紹介ください。

• 連絡先：ichikawadaisuke@gmail.com

■ 制作協力者プロフィール

江口 哲史 (えぐちあきふみ)

千葉大学予防医学センター講師
2008 年 愛媛大学農学部卒業
2010 年 愛媛大学農学研究科 博士前期課程修了
2010-2013 年 日本学術振興会特別研究員 (DC1)
2013 年 愛媛大学理工学研究科 博士後期課程修了
日本学術振興会特別研究員 (PD) などを経て、
現職。博士 (理学)。
環境・生体中の微量化学物質の計測および、得られた測定データと健康への影響の解析に従事。著書に「自然科学研究のためのR入門」(共立出版) など。

●装丁・本文デザイン　　図工ファイブ
●DTP　　　　　　　　 BUCH+
●担当　　　　　　　　 高屋卓也
●制作協力　　　　　　 江口哲史

Special Thanks！

本書の制作にあたり、以下の方々にご協力をいただきました。
この場を借りてお礼申し上げます。
伊藤徹郎、野中賢也、早川敦士、八木貴之、安井翔太、吉永尊洸

評価指標入門
～データサイエンスと
　　ビジネスをつなぐ架け橋

2023 年 3 月 3 日　初版　第 1 刷発行
2023 年 4 月 26 日　初版　第 2 刷発行

著　者　　高柳慎一、長田怜士
監　修　　株式会社ホクソエム
発行者　　片岡 巖
発行所　　株式会社技術評論社
　　　　　東京都新宿区市谷左内町 21-13
　　　　　電話　03-3513-6150　販売促進部
　　　　　　　　03-3513-6177　雑誌編集部
印刷／製本　日経印刷株式会社

定価はカバーに表示してあります。

造本には細心の注意を払っておりますが、万一、乱丁（ページの乱れ）や
落丁（ページの抜け）がございましたら、小社販売促進部までお送りくだ
さい。送料小社負担にてお取り替えいたします。

ISBN 978-4-297-13314-6 C3055
Printed in Japan

本書についての電話によるお問い合わせ
はご遠慮ください。質問等がございまし
たら、下記までFAXまたは封書でお送り
くださいますようお願いいたします。

〒 162-0846
東京都新宿区市谷左内町 21-13
株式会社技術評論社雑誌編集部
FAX：03-3513-6173
「評価指標入門」係

FAX番号は変更されていることもありますの
で、ご確認の上ご利用ください。
なお、本書の範囲を超える事柄についてのお問
い合わせには一切応じられませんので、あらか
じめご了承ください。